TABLEAU

DES

ALTITUDES OBSERVÉES EN ESPAGNE.

EXTRAIT DU BULLETIN DE LA SOCIÉTÉ GÉOLOGIQUE DE FRANCE,
2ᵉ série, t. XI, p. 661, séance du 26 juin 1854.

TABLEAU

DES ALTITUDES

OBSERVÉES EN ESPAGNE,

PAR

MM. DE VERNEUIL ET DE LORIÈRE,

PENDANT L'ÉTÉ DE 1853 ;

ACCOMPAGNÉ

D'UN RAPIDE APERÇU DE LEUR VOYAGE.

PARIS,
IMPRIMERIE DE L. MARTINET,
RUE MIGNON, 2.
1854

TABLEAU

DES

ALTITUDES OBSERVÉES EN ESPAGNE.

Il n'est pas de contrée en Europe dont l'orographie soit plus intéressante que celle de l'Espagne, et souvent, dans nos précédents voyages, nous avions regretté de n'avoir pas d'instrument pour mesurer l'altitude de ses plateaux, celle de ses chaînes de montagnes, et pour apprécier exactement la profondeur de ses vallées. Ce qui jusqu'ici nous avait empêchés d'emporter des baromètres, c'est qu'il ne se faisait pas à Madrid d'observations régulières qui pussent nous servir de termes de comparaison. Le gouvernement espagnol ayant chargé, en 1853, M. Casiano de Prado, chef de la section de la carte géologique, d'acheter à Paris un baromètre de fort calibre, fait et composé avec le plus grand soin, et ayant institué un service pour en observer la hauteur trois fois par jour, nous nous décidâmes au printemps dernier, à emporter deux baromètres Gay-Lussac et un baromètre anéroïde. Les premiers ne tardèrent pas à nous inspirer des inquiétudes sur leur solidité, et en passant par Bordeaux, notre ami M. Raulin, professeur de géologie, eut l'obligeance de nous prêter un baromètre Fortin, construit par M. Ernst, avec lequel il avait fait il y a quelques années son voyage de Candie. Les baromètres Gay-Lussac et anéroïde durèrent peu, tandis que ce dernier résista parfaitement. Aussi, est-ce avec lui qu'ont été faites toutes les observations du voyage, depuis Guadalajara jusqu'à Saint-Sébastien. Avant de quitter Madrid, nous avions eu soin de le comparer avec l'instrument de la commission géologique, et nous avions noté qu'il se maintenait à environ un demi-millimètre plus bas, différence qu'expliquait suffisamment l'action de la capillarité dans un tube de moindre diamètre.

Tant que nous avons été à l'E. et au N. de Madrid, nous avons basé nos calculs sur les observations de cette capitale, mais quand nous eûmes traversé la chaîne Cantabrique, nous préférâmes nous servir des observations faites à Oviedo par le savant professeur de physique, M. Léon Salmean. Notre baromètre étant d'un millimètre environ plus bas que le sien, nous avons, dans nos calculs, tenu compte de cette différence.

Quant à la hauteur de Madrid et d'Oviedo, au-dessus de la mer, nous avons admis les chiffres de 635 (1) et de 220 mètres. Ces chiffres, il est vrai, ne sont peut-être pas tout à fait définitifs, mais, s'ils viennent à changer en plus ou en moins, il suffira de faire subir la même correction à ceux de notre tableau pour avoir la hauteur des différents lieux par où nous avons passé.

Nous faisons suivre le tableau de nos propres observations de deux autres, dont l'un contient les observations faites à Madrid pendant la durée de notre voyage, et nous a été envoyé par les soins de MM. Casiano de Prado et Subercase, et l'autre, que nous devons à M. Léon Salmean, renferme les observations faites à Oviedo (2). Ces pièces, à l'appui de nos calculs, peuvent fournir des renseignements qui ne sont pas sans intérêt, soit sur la marche des baromètres entre Madrid, Oviedo et les lieux parcourus par nous, soit sur l'état du ciel dans les différentes provinces.

L'Espagne, en effet, présente dans sa géographie physique, des accidents si variés que la pression barométrique y est modifiée, à d'assez petites distances, et que les mouvements de la colonne de mercure ne sont pas isochrones (3). Comme nous observions soir et matin dans les lieux où nous nous arrêtions pour coucher, il est

---

(1) Le chiffre de 635 mètres, adopté par la Commission géographique, s'applique à l'Observatoire de Madrid, et le local de la Commission à l'École des mines est de 10 mètres plus bas. Comme le chiffre de 635 mètres est inférieur à la moyenne de toutes les observations précédentes et peut-être à la véritable altitude de Madrid, nous avons cru pouvoir sans inconvénient ne pas tenir compte de cette petite différence.

(2) Ces deux tableaux auraient nécessité, pour être imprimés, plus d'espace que ne permettait de nous en accorder l'abondance des matériaux qui doivent composer ce volume, et ils seront déposés au secrétariat pour être consultés en cas de besoin.

(3) Ceci peut être, dans nos calculs de hauteur, la cause de quelques erreurs que nous avons cherché à diminuer autant que possible.

facile de comparer la marche de notre baromètre pendant la nuit avec celle du baromètre de Madrid, bien qu'en général nos observations faites le soir et de très grand matin ne correspondent pas tout à fait quant à l'heure avec celles de la capitale. La cause qui produit cette marche différente des baromètres dans les diverses parties de l'Espagne est aussi celle qui préside aux variétés de climat qui y sont si frappantes. A cet égard, les tableaux de Madrid et d'Oviedo contenant l'état du ciel permettent de se faire une idée de l'extrême différence climatologique qui existe entre le plateau desséché de la Nouvelle-Castille et les vallées humides des Asturies.

Enfin, dans une colonne spéciale, nous avons, en termes généraux, indiqué les terrains qui constituent le sol des lieux où les observations barométriques ont été faites, dans la pensée qu'il ne serait pas sans intérêt de pouvoir apprécier d'un seul coup d'œil la nature du sol et sa hauteur au-dessus de la mer.

Sans entrer dans un exposé détaillé des observations que nous avons faites l'été dernier, la Société nous permettra, à l'occasion du tableau que nous lui soumettons, d'appeler son attention sur quelques-uns des résultats que l'on en peut déduire, et de lui donner un aperçu de notre voyage.

La capitale de l'Espagne, qui fut notre point de départ, est située, comme on sait, sur la rive gauche du Manzanarès. Le terrain diluvien, composé de cailloux roulés, que l'on suit sans interruption depuis le Guadarrama jusqu'à Madrid, y est entamé, ainsi que les dépôts lacustres miocènes, par la rivière qui fait une coupure de 80 mètres de profondeur (1). Quoique assez rapprochée du Guadarrama, la ville de Madrid n'est qu'à 635 mètres d'altitude, tandis qu'à mesure qu'on s'éloigne de cette chaîne, les plateaux tertiaires situés au sud et à l'est s'élèvent progressivement. Cette disposition résulte d'une dénudation des couches tertiaires le long du Guadarrama, dénudation profonde et après laquelle l'excavation produite n'a été comblée qu'en partie par les dépôts diluviens (2). Cette dénudation, postérieure au dépôt du terrain miocène, s'est fait sentir également sur le versant nord de la

---

(1) Voir la Carte géologique de la province de Madrid, publiée, en 1853, par M. Casiano de Prado.

(2) M. Casiano de Prado estime qu'il manque environ 140 mètres pour restituer au terrain tertiaire son niveau primitif. Il en reste encore plus de 200 mètres, puisque des puits artésiens de cette profondeur ne l'ont pas traversé.

chaîne. En effet, quand d'Aranda del Duero, on approche du Guadarrama, et que l'on arrive sur les hauts plateaux crétacés des environs de Fresnillo, qui n'ont pas moins de 1150 à 1200 mètres d'altitude, on voit entre eux et la chaîne granitique une large dépression où sont situés les villages de Boceguillas, Castillejo et Cerezo.
Cette dépression, d'une largeur de 26 à 28 kilomètres et d'une
profondeur de 150 à 180 mètres, est remplie de cailloux roulés et
d'argile rouge diluvienne.

De Madrid, nous nous dirigeâmes vers Guadalajara. La route
traverse les rivières Jarama et Henares dont le courant est rapide. La ville de Guadalajara, placée à l'origine de la grande dénudation dont nous venons de parler, et entourée de plateaux élevés, n'est qu'à 55 mètres environ au-dessus du Henares, qui
circule, par des coupures à parois souvent perpendiculaires, au
milieu des grès et des argiles tertiaires. Pour aller de là au nord,
vers la chaîne du Guadarrama, nous eûmes d'abord à traverser la
région diluvienne, dont le sol inégal, accidenté, se relève graduellement et présente des collines allongées, composées de sables et de
cailloux roulés qui, à Mohernando, par exemple, rappellent par leur
forme et leur composition les osars de Suède. Quelques montagnes
isolées, de forme conique ou tabulaire, comme le Castillo de Hita
et la Muela de Alarilla, sont de véritables témoins qui indiquent
l'ancien niveau de la plaine tertiaire. Le sommet de ces collines,
comme celui des Tetas de Viana au S.-E., est composé d'un calcaire
d'eau douce, qui, avant la dénudation, se reliait avec celui du plateau général. C'est surtout du sommet de la Muela de Alarilla, dont
la hauteur est de 973 mètres, que l'on juge bien du raccordement
de ces collines isolées avec le niveau du plateau, qui des environs
de Guadalajara s'élève graduellement au N.-E. vers Algora, où il
atteint une altitude de 1090 mètres. La ligne droite, sans accidents
ni brisures, que ce plateau dessine à l'horizon, est un des grands
traits orographiques de la contrée.

Une bande de calcaire et de grès qui appartient à l'étage de la
craie chloritée et une autre plus étroite de grès houiller séparent
le terrain tertiaire lacustre de la chaîne du Guadarrama. Cette
dernière, qui au nord de Madrid est composée de granite, de gneiss
ou de schistes micacés, n'offre au nord de Tamajon et de El Vado
que des schistes argileux souvent ottrelitifères, et des quartzites
siluriens dans lesquels notre savant ami, M. Casiano de Prado, a
découvert des Bilobites et des Graptolites. Un de ses points culmi-
nants est le pic d'Ocejon, près de Tamajon, qui n'a pas moins de
2057 mètres. Nous en fîmes l'ascension par un temps magnifique,

et du sommet, nous découvrîmes un horizon immense. Arrêtée au N. N.-O. par la partie la plus haute du Guadarrama, que blanchissaient encore de grandes masses de neige, la vue pénétrait au N. et au N.-E. dans les hautes plaines de Soria, et l'on distinguait nettement à l'horizon une chaîne neigeuse, qui, partant des environs de Burgos et suivant le cours de l'Ebre, se reliait au massif du Moncayo. La partie la plus couverte de neige nous faisoit face au N. C'était celle qui, près de Neyla et de Santa-Ines, comprend les pics d'Urbion et de Piqueras, la Domanda, etc. Entre cette partie et le Moncayo, les montagnes s'abaissaient et n'offraient déjà plus de traces de neige au 19 de mai, tandis que le Moncayo lui-même en était encore tout couvert.

Quant à la chaîne dans laquelle nous nous trouvions, on voyait parfaitement qu'elle s'abaissait vers le N.-E. Quelques sommités nous séparaient seules d'un pic arrondi qu'on nomme l'Alto-Rey, au delà duquel elle paraissait se terminer complétement. En effet, l'Alto-Rey n'est suivi que d'ondulations ou de collines qui, ainsi que l'a déjà remarqué M. Casiano de Prado, vont se confondre avec les hauts plateaux de Medinaceli.

C'est donc à tort que la plupart des géographes ont supposé que le chaîne de Madrid se prolongeait vers l'est, et se reliait soit avec le Moncayo, soit avec les hauteurs de Molina de Aragon et les montagnes d'Albarracin. Elle se termine bien réellement entre Siguenza et Atienza, au nord du village d'Iman, et sur ce point la géologie vient confirmer les apparences géographiques. En effet, cette extrémité orientale de la chaîne est composée de grès et de calcaires plus récents que la chaîne elle-même, et que nous rapportons à l'époque dévonienne (1); puis au delà viennent les argiles, les grès et les calcaires du trias, qui bien que très disloqués ne forment plus de montagnes et auxquels succèdent les calcaires jurassiques, la craie et les dépôts tertiaires.

Depuis la belle théorie de M. Élie de Beaumont, un géologue n'aborde plus une chaîne de montagnes sans rechercher quelle a été l'époque de son soulèvement. Il y en a souvent plusieurs. Ici, par exemple, on ne saurait nier que si l'apparition des granites est ancienne dans la chaîne de Madrid, ainsi que le prouve l'état non altéré des calcaires crétacés qui font partie de cette chaîne, celle-ci a subi néanmoins des mouvements considérables après l'époque

_____

(1) Nous y avons découvert la *Terebratula sub-Wilsoni*, d'Orb., la *T. Cuerangeri*, Vern., le *Spirifer Rousseau*, Rou., le *Chonetes sarcinulata*, le *Favosites fibrosa* et des Tentaculites.

miocène, car sur son versant méridional, le terrain crétacé et les conglomérats tertiaires sont souvent relevés comme à Torrebeleña et à Beleña. Cette action ne s'est d'ailleurs fait sentir qu'à une très petite distance de la chaîne, et dès qu'on s'en éloigne de quelques heures, les dépôts miocènes reprennent leur horizontalité.

On doit faire remarquer aussi qu'il existe souvent dans la chaîne même, et au milieu des roches paléozoïques bouleversées, des îlots qui semblent avoir été détachés de la masse principale du terrain crétacé, et avoir été soulevés tout d'une pièce à d'assez grandes hauteurs (1272 mètres), comme au padrastro d'Atienza et à Somolinos, et cela sans perdre leur horizontalité. Peut-être ces lambeaux se rattachaient-ils autrefois au plateau crétacé qui est au N. de cette partie de la chaîne, et dont la hauteur moyenne est très considérable. Quoi qu'il en soit, cette complète discordance de la craie avec les roches paléozoïques prouve que le principal redressement de celles-ci est d'une époque antérieure au terrain crétacé.

Quant à l'âge précis de ces derniers dépôts, ils paraissent représenter la craie chloritée et le grès vert (étages turonien et cénomanien de M. d'Orbigny). Ils se composent ici, comme dans la province de Cuenca, de deux étages, savoir : des grès et des sables blanchâtres, quelquefois kaoliniques, mêlés de cailloux roulés de quartz hyalin, surmontés par des marnes et des calcaires quelquefois tendres, mais parfois durs, grenus et dolomitiques. L'épaisseur de ces deux étages est de 180 mètres au moulin de Muriel, près Tamajon et de 150 mètres à Atienza.

L'extrémité orientale de la chaîne de Madrid, qui porte les noms de Sierra de Ayllon et de Sierra Pela, est, avons-nous dit, enveloppée par le trias et par des dépôts jurassiques, crétacés et tertiaires. Ces derniers, parfaitement horizontaux, s'étendent sur des plateaux considérables, qui, au N.-O., vers le Duero, se terminent par des escarpements assez accidentés de 200 à 210 mètres de hauteur.

Ce sont ces escarpements, entièrement composés de grès, de marnes et de calcaires tertiaires en couches horizontales, qui ont été pris par certains géographes pour la continuation de la chaîne du Guadarrama, et qui portent les noms de Sierra de la Mata et Sierra de Muedo. Les bords de ce plateau ont 1122 mètres d'altitude, près de Barahona, et 1134 au N. de Radona, sur la route d'Almazan à Medinaceli. Là, les couches tertiaires sont à découvert, tandis que sur le prolongement du même plateau, entre Ariza et Deza, elles sont masquées par des amas de diluvium assez épais, provenant du Moncayo ou des montagnes adjacentes. De ce côté, le plateau s'abaisse légèrement, car la plus grande hauteur des dépôts diluviens, qui couronnent le terrain tertiaire, n'est que de 1028 mètres.

Cette haute région, sur laquelle se trouvent Medinaceli, Alcolea et Iruecha, présente une coupure profonde où coulent les eaux du Jalon. L'horizontalité parfaite des couches des deux côtés de la vallée semble indiquer qu'elle est, en grande partie, le résultat de l'érosion des eaux. Bien qu'à une petite distance de sa source, le Jalon, près de Medinaceli, est déjà encaissé dans une vallée de 200 mètres de profondeur ; à mesure qu'on avance vers le N.-E., cette vallée devient plus large et plus profonde, de telle sorte qu'à Ariza, la rivière est à 300 mètres au-dessous des plateaux environnants.

Après avoir côtoyé jusqu'à sa terminaison la chaîne paléozoïque du Guadarrama, en examinant l'îlot de gneiss où sont situées les mines d'argent de Hiendelencina, nous avons traversé deux fois, par Barahona et Medinaceli, le haut plateau qui sépare le Duero du Jalon ; et arrivés à Ariza, nous nous sommes dirigés vers le Moncayo.

Le plateau tertiaire et diluvien, qui s'étend entre Ariza et Deza, se termine près de cette dernière ville, derrière laquelle s'élève une véritable falaise de calcaire crétacé, qui, dirigée du S.-E. au N.-O., se relie avec les escarpements situés au nord des grandes plaines de Soria. Près de son contact avec la craie, le terrain tertiaire se compose de marnes et de calcaires blancs remplis de coquilles lacustres, puis de conglomérats très épais dont les éléments, de grande dimension, proviennent du calcaire crétacé. A la jonction de la craie et du terrain tertiaire, sourdent les eaux thermales de Deza. Celles d'Alhama, sur la grande route de Madrid à Saragosse, sont exactement dans la même position et sur le prolongement de la même falaise. Les conglomérats et les calcaires lacustres, dans l'une et l'autre de ces localités, sont inclinés de 10 à 15 degrés près de leur contact avec la craie. Quelques lambeaux de ces conglomérats ont même été enlevés lors du redressement de celle-ci, et se trouvent sur plusieurs points au sommet de la falaise. Tandis qu'à sa limite, près de Deza, la craie est très fortement inclinée, lorsque l'on pénètre plus avant dans la région secondaire, on la rencontre quelquefois, sur les points les plus élevés, formant certains massifs où elle est restée complétement horizontale. L'emplacement du village de Peña Alcazar sur un de ces massifs, isolé et entouré d'escarpements presque verticaux, offre une disposition vraiment remarquable, et qu'a déjà signalée un de nos amis, M. Ezquerra del Bayo, inspecteur général des mines.

De Deza, nous allâmes reconnaître le gisement des lignites crétacés de Torrelapaja, et arrivés presque au pied du Moncayo, nous reconnûmes que, bien que nous fussions au 1er juin, la montagne était encore trop couverte de neige, pour que nous pussions en exécuter facilement l'ascension. Nous revînmes donc vers le Jalon.

De Villaroya à Calatayud, il y a une différence de niveau de près de 200 mètres, différence qui ne correspond qu'à l'épaisseur de la partie moyenne du terrain tertiaire, celle des marnes argileuses et gypseuses.

De Catalayud à Alhama, on remonte le cours du Jalon, qui, entre ce point et Ateca, traverse une région silurienne, dont nous parlerons tout à l'heure.

D'Alhama, nous nous dirigeâmes, au sud, vers les hauts plateaux de Sisamon, d'Iruecha et de Codes, indiqués sur les cartes, sous le nom de Sierra del Solorio, nom presque inconnu dans le pays. Comme c'est le point de partage des eaux qui vont à la Méditerranée par le Jalon et l'Èbre, et à l'Océan par le Tage, la plupart des géographes ont cru devoir y tracer une chaîne de montagnes, mais il n'y a réellement qu'un vaste plateau ondulé, qui s'élève graduellement en partant d'Ibdes, et qui, çà et là, est dominé par quelques collines de craie ou de calcaire jurassique. A Iruecha, il atteint une hauteur de 1265 mètres, et les villages de Judes et de Codes sont encore un peu plus élevés. Cette partie culminante du plateau, formée de calcaire jurassique, se relie géographiquement avec les hautes régions de Medinaceli et d'Alcolea où règne le trias. Elle constitue une des tuméfactions les plus considérables du sol de l'Espagne, sans qu'il y ait néanmoins de montagnes proprement dites.

D'Iruecha, la vue n'était bornée qu'au sud par les trois collines siluriennes d'Aragoncillo, près de Molina de Aragon, lesquelles dominent toute cette contrée, s'aperçoivent de très loin, et nous servirent souvent de point de repère.

Le haut plateau d'Iruecha offre quelques profondes coupures, entre autres celle où coule la rivière Mesa. Mochales, village situé dans une crevasse jurassique où passe cette petite rivière, est à 267 mètres plus bas que le sommet du plateau, tandis que Ibdes, situé à peu de distance sur le même torrent, en est à 557 mètres, différence de niveau qui indique bien le caractère particulier de ces hautes vallées.

De même que le plateau de Medinaceli s'abaisse légèrement vers l'E. et le N.-E., de même aussi le plateau d'Iruecha présente une déclivité dans le même sens vers Torralba de los Frayles et le lac de Gallocanta. L'un de ces points n'est plus qu'à 1090 mètres, et l'autre à 990 au-dessus de la mer. Mais sur le prolongement des collines d'Aragoncillo, s'élève, au S.-E., la chaîne triasique, qui sépare Layunta de Castellar et d'Hombrados (1). En s'infléchissant au S., cette dernière s'unit à la chaîne silurienne, qui passe entre Setiles et Ojos Negros, pour aller se rattacher au massif de schistes et de quartzites de Monterde et d'Origuela.

Le plateau découvert où est situé Torralba offre au géologue un véritable panorama, d'où il peut suivre, vers le S., la chaîne d'Ojos Negros, de Rodenas et de Peracense. En ramenant le regard vers l'E., il aperçoit le pic arrondi de San-Gines, et la dépression où coule le Jiloca, à l'extrémité méridionale de laquelle se trouve Teruel, puis, de l'autre côté de cette dépression, la Peña Palomera et les hautes régions qui dominent Montalban et Camarillas. Tout à fait à l'E., et beaucoup plus près, s'élève la chaîne qui limite le lac de Gallocanta, et dont font partie los Puertos de Daroca, le pic d'Almenara, la Sierra de Horcayo, de Atea, etc.

Torralba est sur le calcaire crétacé. Une pente douce, où le terrain tertiaire succède insensiblement à la craie, conduit jusqu'à Hused, situé à 44 mètres plus bas et au pied de la dernière chaîne que nous venons de mentionner. Cette chaîne, quoique d'une médiocre hauteur, puisque un de ses points les plus élevés, le pic d'Almenara, ne dépasse pas 1423 mètres, constitue cependant un des traits orographiques les plus prononcés de cette région. Sa forme allongée, sa direction bien accusée du N.-O. au S.-E., et surtout la complication de ses vallées, produite par les dislocations qu'elle a subies, lui donnent un caractère spécial, que l'on retrouve aussi dans une chaîne du même âge, qui lui est parallèle, et qui est située à l'E. de Daroca. Elle prend naissance assez près du Moncayo, au N.-E. de Deza, traverse, ainsi que nous l'avons dit, la grande route de Saragosse à Madrid, entre Alhama et Ateca,

---

(1) Dans cette chaîne, le pic de Lituero, qui atteint 1,474 mètres, est entièrement composé de poudingues triasiques, dont les cailloux usés à leur point de contact pénètrent les uns dans les autres. L'Alto del Lobo, à l'E. de Setiles, dans la chaîne silurienne, a 1546 mètres. C'est près d'Hombrados que nous avons trouvé le *Nautilus bidorsatus*, seule espèce du muschelkalk que l'on connaisse, en Espagne, dans un bon état de conservation.

et va se perdre entre Tornos et Toralvilla, au S.-E. du lac de
Gallocanta. Elle appartient à l'époque silurienne, et n'offre guère
que des masses très considérables de quartzites, accompagnées de
schistes analogues à ceux d'Origuela et de Pardos, où M. Casiano
de Prado et nous avons recueilli des Graptolites et des Trilobites.
Ses roches, comme la plupart des roches siluriennes de l'Espagne,
ont été pénétrées de filons de plomb et de cuivre qui sont l'objet
de recherches nombreuses et de mines peu productives.

Le Jiloca coule dans une vallée parallèle à cette chaîne, et, à
Daroca, son niveau est à 757 mètres au-dessus de la mer. La ville
est située au pied occidental d'escarpements composés de calcaires
magnésiens et d'argiles rouges triasiques en couches inclinées.
Cette bande est étroite et les dépôts secondaires s'enfoncent à l'E.
sous une nappe tertiaire qui forme entre Retascon et Maynar un
plateau horizontal dont la hauteur est à peu près de 950 mètres.

Il est à remarquer que ce plateau tertiaire, qui s'étend jusqu'à
la seconde chaîne silurienne que nous venons de mentionner, est
de 40 à 50 mètres plus bas que le lac de Gallocanta, et nous
montrerons bientôt qu'à l'E. de cette même chaîne on descend
dans les grandes plaines encore plus basses de Cariñena et de Herrera. Il y a donc, à partir d'Iruecha vers Saragosse, une série de
terrasses séparées par deux grandes chaînes siluriennes, ainsi que
l'a bien observé M. Wilkomm (1).

Après avoir fait en quittant Daroca une excursion en retour
pour couper les chaînes d'Hombrados et de Setiles, nous retraver-
sâmes le Jiloca, près Villafranca, et gagnâmes les hautes régions
qui s'étendent entre Teruel et Montalban. A Villafranca, le
Jiloca est un ruisseau presque sans eau auquel, dans son état ac-
tuel, on ne saurait attribuer la large et profonde dépression dans
laquelle il coule. Entre Villafranca et Villarquemado, il est bordé
à l'E. par une haute falaise de calcaire jurassique dont la Peña
Palomera, qui a environ 1554 mètres, marque le point culmi-
nant.

Cette falaise jurassique est elle-même flanquée à l'E. par des
dépôts tertiaires lacustres qui atteignent des hauteurs considérables. Près d'Aguaton, ces calcaires, avec fossiles d'eau douce,
sont à 1300 mètres, et paraissent s'élever davantage encore entre
ce point et Rubielos. Le calcaire jurassique est coupé à pic à la Peña
Palomera, puis disparaît sous les dépôts lacustres miocènes qui
occupent la vaste dépression que parcourt la rivière Alfambra. On

---

(1) *Die Strand und Steppengebiete der iberischen Halbinsel*, p. 63.

y trouve quelques bancs de lignite. Les poudingues, les grès et les marnes rouges ou blanches qui entrent dans la composition de ce terrain sont souvent fort inclinés, et ont été disloqués depuis leur formation.

Au delà et à l'E. de cette dépression, se dresse une arête jurassique qui atteint 1763 mètres d'altitude entre la ville d'Alfambra et le village d'El Pobo. De ce sommet, la vue est vraiment admirable. Nous découvrions à l'O. les montagnes d'Albarracin, au S., la sierra Camarena, et même celle d'Espadan, à quelques lieues de Murviedro, tandis que vers le N., sur le dernier plan de l'horizon, ce qui nous paraissait être un léger nuage était, suivant l'affirmation de notre guide, une partie de la chaîne des Pyrénées qui, dans certains jours, se distingue en effet assez nettement. Enfin, à l'E., s'élevait la haute région crétacée de Mosqueruela, Fortanete et Cantavieja, laquelle se rattache d'un côté au massif de la Peña Golosa, et de l'autre aux Puertos de Beceyte ou de Tortosa.

Cette région, composée d'ondulations à sommets émoussés, avec un très petit nombre de pics isolés, est découpée par de profondes vallées. Elle forme un des massifs les plus élevés de l'Espagne, car malgré son voisinage de la Méditerranée, elle se maintient à 1200 ou 1400 mètres de hauteur, et le 11 juin, avant notre arrivée, elle avait encore été couverte de neige pendant vingt-quatre heures. Suivant les gens du pays, il y avait fort longtemps que cela n'était arrivé ; mais quelque rare que soit le phénomène, n'est-il pas extraordinaire de rencontrer, aux confins du royaume de Valence, un région habitée et cultivée où la terre se recouvre de neige à cette époque de l'année. Bien qu'elle soit située à quelques lieues seulement du pays des orangers, les hivers y sont rigoureux, et certains plateaux élevés comme ceux de Mosqueruela, de San-Just, etc., sont assez dangereux pour que l'on ait cru nécessaire d'y ériger des petites pyramides de pierres sèches, qui servent, pendant les grandes neiges, à indiquer la route aux voyageurs.

Cette espèce de tuméfaction du sol entre Teruel, Montalban et la Méditerranée, est ainsi que la plupart des traits orographiques de l'Espagne, un événement nouveau dans son histoire géologique. Il suffit pour s'en convaincre de suivre les dépôts tertiaires lacustres, et de voir comment leurs lambeaux ont été détachés et soulevés à différentes hauteurs. C'est ainsi qu'à l'est d'Alfambra, entre l'arête de calcaire jurassique appelée las Cruces del Pobo, et le village de ce nom, il existe à 1472 mètres, des conglomérats tertiaires qui viennent en stratification discordante recouvrir le calcaire jurassique (1). D'autres lambeaux discontinus occupent dans cette région des hauteurs presque aussi considérables : tels sont ceux qui recouvrent le plateau au-dessus de Camarillas, dont la hauteur est de 1446 mètres ; tels sont aussi les calcaires lacustres et les conglomérats adossés à la sierra de San-Just, au nord de Mezquita, qui, sans recouvrir le sommet du plateau, s'élèvent à 1458 mètres. Ces couches sont évidemment des portions séparées d'un vaste dépôt d'eau douce, qui s'unissait autrefois au terrain tertiaire de Teruel, de Daroca et de Calatayud, dont l'ensemble n'est qu'à une hauteur moyenne de 800 ou 900 mètres.

Nulle part, en Espagne, nous ne connaissons de terrain tertiaire miocène à une aussi grande hauteur. Les couches en sont tantôt presque horizontales comme près d'El-Pobo, et dans la vallée de Mezquita, tantôt fortement inclinées comme à Aguaton et du côté de Rubielos, au nord-ouest d'Alfambra, ou même verticales et renversées comme aux environs de Montalban.

Le plateau de San-Just, au sud de cette dernière ville, improprement décoré du nom de *Sierra*, et les montagnes un peu plus élevées d'Aliaga et d'Exulbe, sont, vers le nord, le dernier rempart de la haute région que nous venons de signaler. Le plateau de San-Just n'a pas moins de 1507 mètres, et n'est composé que de calcaire crétacé. De son sommet on voit s'étendre à ses pieds, vers le N., les montagnes plus basses, mais plus découpées et plus gracieuses de Montalban et de Segura, bornées à l'horizon par les vastes plaines de Belchite et de l'Ebre.

La ville de Montalban, à 839 mètres d'altitude, est située dans un délicieux pays ; les montagnes qui l'entourent ont les formes les plus pittoresques et présentent les accidents les plus variés. Elles recèlent aussi des couches de bon combustible, connu sous le nom de charbon d'Utrillas, qui appartiennent au terrain crétacé et probablement au grès vert. La plupart des fossiles d'assez belle conservation que nous y avons recueillis sont nouveaux, à l'exception de la *Turritella Renauxiana*, d'Orb., de la craie chloritée. Les couches à lignites qui renferment ces fossiles reposent sur les calcaires à *Requienia Lonsdalei* et à grandes Nérinées, qui marquent en général l'horizon supérieur du terrain néocomien (2).

---

(1) Nous ne connaissons de terrains lacustres portés à de pareilles hauteurs qu'en Asie Mineure, où notre ami P. de Tchihatcheff leur assigne en certains points jusqu'à 1500 mètres d'altitude.

(2) Les charbons de Torrelapaja sont du même âge, mais les couches

La craie d'Utrillas et des environs de Montalban s'amincit dans son prolongement au N.-O., et se réduit à une bande assez étroite qui forme les parois du beau cirque au fond duquel sortent les eaux thermales de Segura (1). Au S.-O., cette bande crétacée est flanquée de dépôts tertiaires, qui, sans s'élever tout à fait à son niveau, atteignent cependant 1268 mètres de hauteur absolue, et qui, traversés par la rivière Pancrudo, vont se rattacher à ceux de Perales et de Mezquita. Inclinés fortement près de la craie et sous le château de Segura, ils reprennent peu à peu leur horizontalité sur les hauts plateaux, offrant ainsi l'exemple, assez ordinaire en Espagne, d'un terrain dont les couches horizontales sont à une plus grande altitude que les couches inclinées. Comme la plupart des dépôts lacustres de cette contrée, ils sont sans doute en grande partie miocènes, mais cependant, entre le village de Segura et l'escarpement crétacé dont nous venons de parler, en un lieu qu'on nomme Vueltas de Segura, nous avons découvert des calcaires qui pourraient bien être de l'époque éocène. En effet, ils contiennent en abondance, avec des Paludines et des Cyclostomes, des coquilles du genre *Lychnus* semblables à celles qui caractérisent les dépôts d'eau douce d'Aix en Provence. Si ces calcaires sont réellement éocènes, ce serait le premier exemple de terrain de cet âge dans l'intérieur du plateau de l'Espagne, exemple qui, d'ailleurs, se concilie très bien avec l'absence de dépôts marins de la même époque. Tandis que le revers occidental du cirque de Segura est composé de terrain tertiaire, on voit, dans la partie la plus profonde, ressortir les gypses, les argiles et les dolomies du trias.

De Segura, nous descendîmes dans les plaines jurassiques et tertiaires de Muniesa et de Belchite. Ces plaines basses, comparativement à la région élevée qui les domine au sud, ont cependant encore 7 à 800 mètres de hauteur. Les rivières les sillonnent assez profondément, et, près d'Azuara, la rivière Almonacid, affluent de l'Èbre, est encore à 546 mètres.

Le terrain miocène des plaines de l'Èbre n'est plus aussi exclu-

---

en sont moins épaisses. C'est aussi à la même époque qu'il faut rapporter les dépôts de Castel de Cabres, près de Bel, au N. du royaume de Valence, et ceux plus pauvres de Siete Aguas, à l'E. de Requena, sur la route de Madrid à Valence.

(1) L'établissement des bains est à 1009 mètres d'altitude; la hauteur des parois crétacées du cirque est de 300 mètres au moins; l'escarpement que l'on traverse pour aller au village de Segura, a 260 mètres au-dessus des bains.

sivement lacustre que les dépôts contemporains de l'intérieur du pays, et nous avons trouvé des calcaires remplis de Potamides ou de Cerites très mal conservés entre Muniesa et Belchite, ainsi que dans les collines de Fuendetodos. Ces dernières fournissent des pierres d'appareil pour les travaux d'utilité publique de Saragosse, tels que le pont de l'Èbre.

Avant de nous diriger sur la capitale de l'Aragon, nous allâmes examiner la chaîne silurienne de Herrera et de Cariñena, chaîne parallèle à celle comprise entre Hused et Daroca, et qui se dirige, comme elle, du N.-O. au S.-E. Cette direction, parfaitement indiquée aussi par le cours du Jiloca qui les sépare, se retrouve, avec une légère déviation à l'ouest, dans la chaîne qui suit à peu près le cours de l'Èbre, depuis le Moncayo jusqu'à Villafranca de Oca, près Burgos. C'est la réunion de ces deux chaînes et leur liaison au sud avec la haute région de Montalban et de la Peña Golosa, qui forment la séparation du bassin tertiaire saumâtre de l'Èbre d'avec les bassins lacustres de l'intérieur.

L'un des sommets les plus élevés de la chaîne silurienne orientale est le Cabezo de Herrera qui a 1360 mètres. On remarquera qu'à mesure que le sol général s'abaisse vers l'est, les chaînes de montagne perdent un peu de leur hauteur. Ainsi dans la chaîne d'Hused, à l'O. de Daroca, le pic d'Almenara atteint 1423 mètres, c'est-à-dire 63 mètres de plus que celui de Herrera.

Les deux chaînes ont d'ailleurs la même constitution géologique, étant composées de schistes et surtout de quartzites ; on y a trouvé quelques filons métallifères, mais point encore de restes organiques.

Le village même de Herrera, au pied oriental de la chaîne, est bâti sur une bande étroite de calcaire magnésien appartenant au trias. A partir de ce point, s'étend, vers l'E., une plaine où le calcaire jurassique affleure souvent de dessous les dépôts tertiaires, et forme le long de la rivière Huerva des collines allongées d'environ 731 mètres de hauteur au-dessus de la mer. Ces îlots, qui s'alignent, d'un côté, avec les dépôts de même âge, si développés autour du Moncayo, et, de l'autre, avec ceux de Muniesa, d'Ijar, d'Orta et de Tivisa, près des défilés de l'Èbre (1), marquent la limite septentrionale du terrain jurassique qui manque générale-

______

(1) C'est sur le prolongement de cette direction que se trouvent les terrains jurassiques des îles Baléares, dont MM. Jules Haime et Marès nous ont cette année rapporté des fossiles. Les géologues apprendront

ment en Catalogne et jusqu'aux Pyrénées. Au delà s'étend une
vaste plaine tertiaire, d'abord légèrement inclinée vers l'est, puis
séparée de l'Èbre par une série de hauteurs qui se dessinent à l'horizon. Ce sont les sierras de Muel et de Fuendetodos parallèles à
l'Èbre et séparées l'une de l'autre par la coupure où passe la rivière Huerva. Composées de grès, de conglomérats, de marnes, de
sables, de bancs de silex, et, en général, de matériaux peu conso-
lidés, elles sont profondément ravinées, et présentent des vallées
tortueuses, ramifiées de mille manières. On se rend facilement
compte de ces dénudations, produites en partie pendant l'époque
diluvienne, et en partie pendant l'époque actuelle, quand on con-
sidère l'inclinaison du plan que suivent les eaux pour se rendre à
l'Èbre, inclinaison qui transforme en torrents les rivières Jiloca,
Huerva, Almonacid et Aguas. Ainsi à Herrera, et dans les plaines
voisines, le niveau moyen du sol est de 700 à 800 mètres au-dessus
de la mer, tandis qu'à Saragosse, à 55 ou 60 kilomètres de distance, il s'abaisse à 200 et arrive même à 183 mètres le long de
l'Èbre, près du pont.

La capitale célèbre de l'Aragon se déploie dans une plaine fer-
tile, au milieu d'une vaste région tertiaire, arrosée par le canal
impérial qui a sa prise d'eau dans l'Èbre, près Tudela.

De Saragosse, nous remontâmes le fleuve. A environ 40 kilo·
mètres, et sur la rive gauche, est situé le village de Remolinos où
nous désirions beaucoup aller à cause de la célébrité de ses mines
de sel gemme. Le village est appuyé contre une haute falaise composée de gypse et de sel, en couches alternant avec des bancs de
marnes argileuses pulvérulentes, qui ressemblent à un véritable
limon desséché. Le sel y est régulièrement et horizontalement stra-
tifié. La masse très épaisse n'est exploitée que pendant peu de mois
pour fournir aux besoins de la province. On en pourrait extraire des
quantités bien plus considérables, car le sel abonde dans tout le
massif dont fait partie la falaise de Remolinos. Facilement acces-
sibles à l'action des eaux, ces collines sont découpées par des vallées sinueuses et profondes, qui forment un véritable labyrinthe.
A Tauste, les mêmes couches contiennent aussi des sulfates de
soude qui sont traités dans plusieurs fabriques.

D'après la description qu'en a donnée Bowles, la mine de sel
gemme de Valtierra, dans le bassin de l'Èbre, au-dessus de Tu-

---

avec plaisir que notre collègue, M. Jules Haime, prépare un mémoire
sur ces îles si intéressantes, déjà en partie connues par les travaux de
MM. Élie de Beaumont, de la Marmora et Paul Bouvy.

dela, est dans les mêmes conditions géologiques que celle de Remolinos, et les sulfates de soude de Zerezo, entre Haro et Burgos, représentent ceux de Tauste.

L'idée que nous nous sommes formée de l'origine de ces dépôts, en les voyant en place, c'est que ce sont des résidus de lacs salés intérieurs et sursaturés, analogues à ceux qu'on rencontre en Crimée, dans les steppes de la mer Caspienne, et dont la mer Morte paraît être un exemple sur une grande échelle (1). Quoi qu'il en puisse être, ce qu'il y a de certain, c'est qu'il n'existe dans le pays aucune roche d'éruption avec lesquelles on puisse les supposer en rapport plus ou moins direct, et que les couches encore parfaitement horizontales n'ont été ni modifiées ni disloquées depuis l'époque de leur formation. Selon notre manière de voir, le bassin de l'Èbre aurait été, à l'époque miocène, et peut-être aussi plus tard, un golfe baigné par la mer dans sa partie inférieure, et occupé dans sa partie supérieure par des lacs salés, dont la dessiccation a produit les divers sels qu'on y retrouve aujourd'hui.

De Remolinos, nous traversâmes l'Èbre et les grandes plaines de Borja, colorées, comme des steppes salées, sur la carte géologico-botanique de M. Wilkomm. Aussi fûmes-nous fort étonnés d'y trouver un sol excellent et une assez belle culture. Devant nous se dressait fièrement le Moncayo, qui, vu ainsi du côté du nord, affecte une forme ballonnée, simple, avec une pente unie dans presque toute son étendue. Au lieu d'en faire l'ascension par Tarazona et sa face septentrionale, nous prîmes par Tabuenca, Calcena et Veraton, afin de visiter la belle mine de cuivre de la Mensula. Près de Tabuenca, nous traversâmes une petite bande de quartzites anciens, puis une région accidentée, composée de calcaires jurassiques et de grès rouges micacés, qui nous rappelaient les grès triasiques que nous avions vus l'année précédente à Checa, au pic de Ranera près Garaballa, et à Chova, dans la Sierra d'Espadan. Enfin, le 2 juillet, à dix heures du matin, par un temps clair et un ciel sans nuages, nous atteignîmes la cime du Moncayo. Cette masse arrondie, qui domine toute la contrée, est composée de grès rouge micacé, probablement triasique, et pénétré de nombreux filons de quartzites et de fer oligiste. A mesure qu'on s'élève, on voit disparaître peu à peu les crêtes jurassiques dont il est flanqué du côté du sud. Sa hauteur est de 2340 mètres. La vue, dont nous jouîmes de ce point, était d'une magnificence

______

(1) On sait que de semblables lacs existent aussi en Algérie, dans le Sahara, et dans l'intérieur de l'Afrique.

rare. Au nord, les Hautes Pyrénées de Luchon et de la Maladetta étalaient leurs crêtes neigeuses, éblouissantes de lumière, et s'unissaient presque sans interruption avec les pics du Mont Perdu, qu'on appelle, en Espagne, *las tres Sorores*. Quant au Moncayo, il semblait être le point de rencontre de deux systèmes de montagnes, dont l'un, dans la direction de Burgos, vers l'O.-N.-O., offrait une suite de sommets encore tachetés de neige, où l'on distinguait les pics d'Urbion, de San-Lorenzo et d'autres dans les Sierras de Piqueras et de Cebollera, tandis qu'au S.-E., faisant un léger angle avec la chaîne précédente, se détachait la chaîne silurienne plus basse, qui, d'Aranda, se dirige sur Cariñena et Herrera.

La pente septentrionale du Moncayo est simple et unie, comme on vient de le dire ; son inclinaison, d'environ 25 degrés, rendit à nos mulets la descente très difficile, et ce ne fut pas sans peine qu'ils purent nous suivre jusqu'à la chapelle de la Vierge, où l'on est logé dans un fort bon établissement destiné aux pèlerins. Abritée par des couches verticales de poudingues triasiques, et suspendue au tiers environ de la descente, cette chapelle est encore à 1610 mètres d'altitude ; la régularité de la pente en dissimule la hauteur, mais la vue n'en est pas moins d'une étendue et d'une beauté remarquables.

Le lendemain, après avoir admiré le magnifique spectacle qu'offre le lever du soleil, nous descendîmes jusqu'à San-Martin, où affleure le calcaire jurassique, et où il confine à la grande plaine tertiaire de Tarazona, puis suivant de près cette limite, qui passe au N. et à peu de distance d'Agreda, nous nous dirigeâmes vers Soria. Cette ville, bâtie près des ruines de l'antique Numance, située dans une plaine, à la limite de la craie et du terrain tertiaire, est encore à 1058 mètres d'altitude. Le Duero, qui occupe la partie la plus basse de cette contrée, est à 1025 mètres à Soria, et à 923 à Almazan.

A 2 lieues à l'O. de Soria, près du village de Fuentetoba, commence une chaîne crétacée, qui porte le nom de Sierra de Picofrentes. Parallèle à la chaîne de l'Ebre qui est située plus au nord, elle est beaucoup moins haute, et lui présente ses escarpements abruptes et les tranches de ses couches. Dans son prolongement à l'O.-N.-O., elle passe par Cidones, Abejar, San-Leonardo, Quintanar et Palacios. A Barbadillo del Mercado, elle s'unit à la chaîne déjà étudiée par l'un de nous l'année précédente, et qui, à l'O. de Lara et de Covarrabias, se termine dans les grandes plaines tertiaires de la vieille Castille, avant d'atteindre la route de Burgos.

à Madrid. Cette chaîne de second ordre est composée de calcaires crétacés durs, reposant sur des grès, des sables et des conglomérats qui renferment des couches de bitume exploitées à Fuentetoba, et des traces de lignite en plusieurs endroits, notamment près de San-Leonardo.

En parlant de cette partie inférieure de la craie, il est à propos de signaler le développement considérable que prennent les conglomérats et le rôle qu'ils jouent dans les montagnes parallèles à l'Èbre, depuis le Moncayo jusque près de Burgos, ainsi que dans la partie supérieure du cours de ce fleuve. De même que dans les provinces de Guadalajara et de Cuenca, le terrain crétacé y est composé, en allant de haut en bas : 1° de calcaire compacte, grenu ou magnésien blanchâtre, et représentant la craie chloritée; 2° de sables meubles, quelquefois kaoliniques, avec des cailloux arrondis de quartz hyalin, et de grès fins, que l'on peut considérer comme de l'âge du grès vert. A ces deux étages s'ajoute une masse considérable de poudingues, inconnus dans les deux provinces que nous venons de citer, et qui paraissent encore appartenir à la base du grès vert ou étage cénomanien. Ces poudingues se distinguent de ceux du trias par la petitesse de leurs éléments, et surtout par la quantité de fragments de quartz blanc, de la grosseur d'une noix, qu'on y remarque. Ils constituent le bord méridional de la chaîne de l'Èbre, du côté des grandes plaines de Soria, et s'élèvent jusqu'au sommet du pic d'Urbion.

Cette dernière montagne a quelque célébrité par les lacs qu'on rencontre près de son sommet, et c'est de Vinuesa que nous en fîmes l'ascension. De sa cime, élevée de 2240 mètres au-dessus de la mer, et située vers le milieu de la chaîne, à égale distance du Moncayo et de Villafranca de Oca, on peut avoir une idée exacte de l'orographie de cette contrée. Longue et assez étroite, cette chaîne qui borde l'Èbre, dans la partie moyenne de son cours, s'abaisse à partir du Moncayo vers Agreda (1), pour se relever du côté de la Sierra Cebollera et de Santa-Inès. C'est entre ce point et sa terminaison, près de Villafranca de Oca, qu'elle acquiert sa plus grande hauteur, et le 8 juillet elle offrait encore dans cette partie de nombreuses taches de neige, tandis que le Moncayo, à cause de son isolement sans doute, en était complétement débarrassé. Cette partie de la chaîne est la plus froide et la plus sauvage. Bien qu'elle

---

(1) C'est sur ce point que passe la nouvelle route de Madrid à Bayonne, par Soria. Le terrain tertiaire de l'Èbre y est porté à une assez grande hauteur (887 mètres).

n'atteigne pas tout à fait la hauteur du Moncayo, sa masse étant plus considérable, le climat y est plus rigoureux.

Les poudingues de la craie prennent, au pic d'Urbion, des formes très pittoresques. Du sommet, où les couches sont assez inclinées, l'œil plonge dans des enfoncements circulaires, cratériformes, dont les parois, composées de grès et de poudingues, presque horizontaux, sont généralement perpendiculaires. Les eaux qui s'y rassemblent donnent naissance à deux lacs que l'on appelle *Laguna de Urbion* et *Laguna negra*. Ce dernier est à 500 mètres au-dessus du pic principal.

Le col par lequel de Santa-Ines on pénètre dans la partie septentrionale de la chaîne, et qui s'appelle Puerto Montenegro, n'a pas moins de 1760 mètres, tandis que le fond des vallées n'est qu'à environ 1050 mètres; et près de Nieva descend au-dessous de 900. Nieva de los Cameros, village situé dans une des positions les plus pittoresques, au milieu des calcaires jurassiques, est encore séparé de la plaine de l'Ebre par un massif assez élevé qu'on nomme Sierra del Serradero. Le col ou Puerto de Mogosa, qu'il nous a fallu traverser pour descendre à Anguiano à 1284 mètres d'altitude. Les forêts de chêne de ce district sont magnifiques, et les autorités de Logroño ont le bon esprit de les conserver avec le plus grand soin.

Anguiano, au nord des schistes et des quartzites siluriens, et au pied de le chaîne, n'est plus qu'à 626 mètres d'altitude. Située au bord de la rivière Najerilla, cette ville marque la limite du calcaire jurassique (1) et des poudingues et grès tertiaires du bassin de l'Ebre. Tandis que le premier est fortement redressé, les seconds sont parfaitement horizontaux, comme aux salines de Remolinos. Nous côtoyâmes la plaine qui est encore assez ondulée, et rentrâmes bientôt dans les montagnes par Pazuengo, pour faire l'ascension du pic de San-Lorenzo, traversant ainsi une seconde fois la zone jurassique, avant d'arriver aux schistes paléozoïques qui forment le centre de la chaîne.

---

(1) Une Ammonite, que nous croyons être l'*A. Humphriesianus*, semble indiquer ici, comme près de Layunta et de Brieva de Juarros, l'existence de l'oolite inférieure. Ces exemples sont rares en Espagne, où le terrain jurassique n'offre, en général, que deux étages bien prononcés, oxfordien et liasique. Encore ce dernier est-il presque toujours réduit à ses parties moyenne et supérieure. Peut-être le lias inférieur existe-t-il à Nieva, où, avec une Gryphée presque identique avec la *G. arcuata*, nous avons trouvé des *Cardinia* du groupe appelé jadis *Sinemuria*.

Le pic de San-Lorenzo, de 2297 mètres de hauteur, était encore, le 12 juillet, couvert de quelques nappes de neige. De son sommet l'œil, embrassant une immense étendue, distinguait les glaciers de la Maladetta et du Mont-Perdu, voyait la chaîne des Pyrénées se déprimer dans la direction de Vitoria; puis se relever d'abord près d'Espinosa, où il y avait encore quelque reste de neige, et ensuite davantage à l'ouest de Reynosa, où sous le nom de Sierra Alba, elle s'unit aux montagnes de Leon et aux pics d'Europe. Il était facile de reconnaître aussi que la chaîne où nous nous trouvions est complétement indépendante des Pyrénées, et qu'elle en est séparée par une large dépression tertiaire dans laquelle l'Èbre n'entre qu'à Haro, et qui se continue à l'est, vers Bibriesca (1).

Au pic San-Lorenzo, nous nous séparâmes pour suivre les deux versants de la chaîne et contourner son extrémité, l'un de nous traversant du côté du sud les grès et schistes houillers de Pineda de la sierra et de San-Adrian de Juarros, l'autre suivant par Ezcaray la limite des terrains silurien et jurassique et pénétrant dans la région tertiaire. Ces derniers dépôts, situés à environ 300 mètres au-dessus du niveau de l'Èbre, sont, près de Belorado comme à Anguiano, composés de sables et de conglomérats horizontaux, et en complète discordance avec le terrain jurassique.

La chaîne à laquelle M. Bory de Saint-Vincent donne le nom de *système ibérique* se termine, avons-nous dit, d'une manière brusque près de Villafranca de Oca, et les derniers pics entre Alarcia et Villarobe offraient encore, le 14 juillet, quelques traces de neige. De Villafranca jusqu'à Burgos, le pays est ouvert, et offre une dépression par laquelle le grand lac tertiaire, qui occupait jadis les plaines du Duero, communiquait avec celui du bassin de l'Èbre. La différence de niveau où se trouvent aujourd'hui leurs dépôts n'existait probablement pas alors, et doit être attribuée à ces révolutions récentes dont partout l'Espagne porte encore les traces. A moitié chemin de Villafranca de Oca à Burgos, au point de partage des eaux qui se rendent dans le Duero et dans l'Èbre, s'élève un îlot de craie, entouré de grès et de conglomérats tertiaires, qu'on nomme Sierra de Tapuerea. De ce point, le voya-

---

(1) M. Bory de Saint-Vincent, qui donne le nom de système ibérique à la masse imposante dont les sierras de Villafranca de Oca et de Moncayo marquent les extrémités, a déjà signalé l'erreur des géographes, qui la considèrent comme une ramification des Pyrénées. (*Guide du voyageur en Espagne*, p. 16.)

geur embrasse l'étendue du large détroit tertiaire, seule échancrure qu'il y ait dans les montagnes et les hauts plateaux qui entourent la Vieille-Castille, et en apercevant de loin les élégantes flèches de la cathédrale de Burgos, il se rend facilement compte de l'importance que cette ville a toujours possédée et qu'elle doit à sa position géographique. C'est la communication naturelle entre le centre de l'Espagne et le riche bassin de l'Èbre et le chemin que suivent les vins et les diverses productions de cette dernière contrée pour se répandre dans l'intérieur du pays.

Burgos, située sur la petite rivière Arlanzon, est à environ 870 mètres d'altitude ; au nord de la ville, le plateau sur lequel est le vieux château s'élève très sensiblement, et à une distance de 20 kilomètres, il atteint déjà 1027 mètres, sans cesser d'être recouvert par des dépôts tertiaires. Cette haute région s'étend au N.-N.-E. jusqu'au pied de la chaîne crétacée d'Oña et de Pancorbo, et vers le N.-N.-O. s'unit insensiblement au plateau crétacé de Huermeces et d'Urbel-del-Castillo (1).

Il est difficile de rien imaginer de plus triste et de plus désolé que ces hauts plateaux crétacés auxquels les gens du pays donnent le nom de *Paramos*, et où le calcaire, partout à fleur de terre, permet à peine une maigre et pâle végétation. Les vallées de dénudation offrent seules à l'homme un abri pour sa demeure, et un sol susceptible d'être cultivé.

Ces hauts plateaux de craie se continuent ainsi jusqu'à une profonde dépression qui règne au pied méridional de la chaîne Cantabrique, et qui rappelle celle que nous avons signalée sur les deux versants du Guadarrama. Elle doit être attribuée aussi à une dénudation dont la cause a agi dans le sens de la chaîne, et en a balayé les flancs, car elle est indépendante de l'Èbre, qui n'y entre qu'à Cubillo, près de Barcena. En cet endroit, la falaise crétacée, qui fait face à la chaîne, n'a pas moins de 370 mètres de hauteur, et du sommet à la base, elle offre : 1° des calcaires durs, blanchâtres, qui, d'après leurs fossiles, se rapportent à la craie chloritée ;

---

(1) On peut signaler ici une erreur semblable à celle du prétendu prolongement de la chaîne de Madrid au delà d'Atienza et vers le Moncayo. En effet, plusieurs géographes prolongent la chaîne ibérique au N. de Burgos, et lui donnent le nom de Sierra de Oca. Il n'en est rien ; cette chaîne se termine à Villafranca de Oca, et n'est suivie que par une succession de plateaux élevés qui marquent la division des eaux. C'est cette arête aplatie que traverse la grande route à la Brujula, où elle est recouverte de dépôts tertiaires lacustres.

2° des sables blancs et jaunâtres avec des cailloux de quartz hyalin ; 3° enfin des grès très épais de couleur gris foncé. Il est remarquable que cette falaise, où se terminent les *paramos*, est plus haute que certains ports ou passages de la chaîne Cantabrique ; ainsi le col, par lequel passe la route de Reynosa à Santander, n'a que 821 ou 840 mètres ; le col de l'Escudo en a 1023, tandis que les escarpements du plateau crétacé s'élèvent à 1080 mètres, près de Cubillo de Ebro, et à 1115 au S. d'Aguilar de Campoo. Le plateau tertiaire lui-même, qui, entre Burgos et Urbel del Castillo, n'a pas moins de 1027 mètres, est également plus élevé que les cols de la chaîne Cantabrique, d'où il résulte évidemment que, si l'on rétablissait les lacs de l'époque tertiaire dans l'emplacement qu'occupent aujourd'hui leurs dépôts, ceux de la plaine du Duero s'écouleraient par-dessus la chaîne Cantabrique, de même que ceux de la Manche et de la Nouvelle-Castille, ainsi que l'un de nous l'a déjà fait observer, se déverseraient par-dessus la Sierra Morena.

Puisque la direction de notre voyage nous amène au pied de la chaîne Cantabrique, nous dirons un mot de sa constitution géologique. Depuis le col de las Estacas, au N. d'Espinosa, jusqu'à la frontière de la Galice, ce système de montagne, exactement dirigé de l'E. à l'O., offre successivement dans son axe des terrains de plus en plus anciens. Jusqu'à Reynosa, les plus hautes sommités sont entièrement crétacées, et même à l'O. de cette ville, on voit encore, sur les parties les plus élevées de la Sierra de Sejos, au-dessus de Barruelo, de même qu'au-dessus d'Orbo, des masses considérables de poudingues à cailloux de quartz hyalin, qui pourraient peut-être, comme au pic d'Urbion, faire encore partie du terrain crétacé. Mais déjà les flancs déchirés de la chaîne offrent des calcaires carbonifères accompagnés de schistes, de grès et d'excellente houille, recouverts, tantôt par le trias, comme à Aguilar et à Cervera, tantôt par les couches jurassiques, comme à Cillamayor, tantôt, enfin, directement par la craie, comme entre Cervera et Guardo. Le terrain secondaire s'amincit et disparaît successivement, en sorte qu'à partir de Cervera, le terrain paléozoïque n'est séparé de la grande plaine tertiaire que par une étroite lisière crétacée, qui se termine elle-même à l'O. de la rivière Porma.

La partie centrale de la chaîne cesse aussi bientôt de contenir des traces de terrain secondaire, et à l'O. de la Sierra de Sejos, elle est occupée dans toute sa largeur, depuis Guardo jusqu'à Ribadesella sur le bord de la mer, par des roches de l'époque carbonifère. Des bandes dévoniennes s'y montrent peu à peu vers Santa-

Olaja et Sabero (1), et les dépôts de cette époque ne tardent pas à prédominer sur le versant sud, ainsi qu'on le voit très bien sur la route de Léon à Oviedo. Enfin, plus à l'O., apparaissent les schistes et les quartzites, probablement siluriens (2), de la partie occidentale des Asturies, suivis des roches cristallines de la Galice.

C'est dans la région carbonifère que se trouve la partie culminante de la chaîne. Les pics d'Europe et de Cobadonga, qui s'élèvent jusqu'à 2500 et 2600 mètres, sont entièrement composés de calcaire carbonifère. Cette roche, appelée souvent par les Anglais calcaire de montagne, ne mérita jamais mieux qu'ici cette dénomination, car nulle part, en Europe, elle ne s'élève à de pareilles hauteurs, et ne forme de montagnes plus accidentées et plus déchirées. Un des exemples les plus remarquables de ces profondes déchirures est celui qu'offre l'emplacement du petit village de Cain, dans le district de Valdeon, à la naissance du ruisseau Cares, qui passe à Arenas de Cabrales. Situé dans un enfoncement cratériforme, au pied des plus hauts pics, ce village est à 2000 mètres plus bas que la Peña de Liordes, dont il n'est éloigné en ligne directe que de 7 à 8 kilomètres, et il en résulte un phénomène assez singulier : c'est que, tandis que la neige, pendant une partie de l'été, persiste au sommet des murailles presque verticales qui l'entourent, ses habitants la voient rarement, même pendant l'hiver, couvrir le sol de leurs prairies. Un seul sentier, inaccessible aux chevaux, sert à les mettre en communication avec le reste du monde.

Le printemps de 1854 avait été si froid que le 1er août les pics d'Europe conservaient encore beaucoup de neige, et ce ne fut pas sans peine que, dans l'impossibilité de trouver un guide habitué à ces montagnes, nous parvînmes à porter notre baromètre au sommet de la Torre de Salinas, un des pics qui composent le

---

(1) Au moment où s'imprime cette notice, notre ami M. C. de Prado nous écrit que, pendant l'été de 1854, il a découvert des îlots dévoniens dans la province de Palencia, à l'E. de ceux que nous indiquons, notamment près de Levanza et d'Orbo. Après une étude détaillée de cette région, dont il vient d'être chargé par le gouvernement, au point de vue principalement de la reconnaissance des dépôts de houille qui s'y rencontrent, il a été conduit à rapporter au trias les masses de poudingues dont nous venons de parler, et que nous croyions, non sans quelque hésitation, pouvoir appartenir à la craie.

(2) Aucun fossile véritablement silurien n'ayant encore été trouvé dans ces roches, il est permis de conserver quelques doutes sur leur âge.

groupe qu'on appelle Peña de Liordes. Nous arrivâmes assez facilement jusqu'à une vallée circulaire encore en partie couverte de neige, mais nous ignorions quel était le plus élevé des pics qui l'entouraient. Parvenus au sommet de la Torre de Salinas, dont l'altitude est d'environ 2495 mètres, nous reconnûmes qu'un autre pic, situé plus au N., appelé Torre de Llambrion, était un peu plus élevé que nous. Ces pics, qui sont sur la limite des provinces de Léon et des Asturies, se présentent aux habitants de ce dernier pays sous des formes imposantes et très majestueuses, et en ont reçu des noms différents de ceux qu'on leur donne dans le royaume de Léon. Aussi est-il très probable que le pic que notre ami, M. Schulz, appelle las Moñas, et auquel il assigne une hauteur de 2625 mètres, est le même que la Torre de Llambrion.

On sera peut-être étonné de nous entendre parler de neiges abondantes, le 1er août, dans une chaîne qui ne s'élève pas au-dessus de 2600 mètres, mais il ne faut pas oublier que, située à 25 ou 30 kilomètres de la mer, elle est exposée à tous les vents chauds et humides qui viennent de l'ouest, et sert de condensateur à tous les nuages formés sur l'Atlantique. Dans les années ordinaires, la neige disparaît, dit-on, presque entièrement.

Le massif des pics d'Europe, ainsi appelés sans doute, parce que ce sont les premières montagnes qu'aperçoivent les navigateurs qui arrivent du nouveau continent, forme une saillie au nord de la chaîne principale, de sorte que par un beau temps, on pourrait de ce point découvrir la majeure partie de la principauté des Asturies et la moitié de la province de Santander. Le jour où nous en fîmes l'ascension, le ciel était bleu sur nos têtes, mais le versant nord de la chaîne était caché sous un rideau de nuages assez bas, d'où l'on voyait surgir au loin, comme des îlots, les massifs de Peña Mayor et du mont Aramo. Au sud se distinguaient, par des ouvertures, le haut plateau de Léon, puis les pics principaux de la Cordilière, tels que ceux d'Espiguete, de Cubil de Can, tandis que, à l'E., se rangeaient en demi-cercle tous les sommets qui forment l'enceinte de la Llevana. Cette grande dépression, d'environ 30 à 35 kilomètres de diamètre, dont Potes occupe le centre, et de laquelle les eaux ne s'échappent que par une seule crevasse, où sont situés les bains de la Hermida, a beaucoup d'analogie, aux dimensions près, avec la forme que présente, au N. du Caucase, la partie centrale du Daghestan, qui sert aujourd'hui de retraite aux derniers défenseurs de l'indépendance de ces montagnes, et que nous a fait connaître M. Abich.

Nous ne pûmes découvrir aucun fossile dans les calcaires des pics d'Europe, mais nous en trouvâmes à leur pied, près d'Arenas de Cabrales, et ces fossiles, parmi lesquels nous citerons les *Productus Cora*, *P. semireticulatus* et *Spirifer lineatus*, ne peuvent laisser aucun doute sur l'âge du terrain.

Nous ne parlerons pas de l'orographie des Asturies, puisque nous posséderons bientôt la belle carte de M. Schulz. On comprend combien doit être accidentée cette pente rapide, qui, dans l'espace de quelques lieues, s'abaisse des sommets de la chaîne Cantabrique à la mer. Coupées par des vallées longitudinales, mais plus souvent transversales, certaines parties ne sont qu'un amphithéâtre de montagnes inégales, pittoresques, et échelonnées les unes au-dessus des autres. L'humidité du climat, l'arrosement abondant du sol, la quantité de ruisseaux qui la fertilisent, font de cette contrée une des plus riches de l'Espagne, et certes la plus boisée et la plus verdoyante. On peut même dire que, sous ce rapport, elle n'a rien à envier à l'Angleterre. Cette riche province renferme aussi tous les terrains depuis le système dévonien jusqu'à la craie chloritée, mais, de même que dans la province de Santander, on n'y trouve aucunes traces de dépôts miocènes ou pliocènes, ce qui nous a déjà autorisés l'année dernière à supposer qu'avant l'époque actuelle la péninsule espagnole se prolongeait de ce côté, et joignait peut-être d'autres terres aujourd'hui submergées (1).

La province de Santander, située, comme les Asturies, entre la chaîne Cantabrique et la mer, est en grande partie composée de dépôts secondaires appartenant surtout à l'époque crétacée. Les terrains anciens, limités à sa partie occidentale, n'y contiennent pas ces gîtes de fer et de houille, qui font déjà, et feront plus encore dans l'avenir la fortune des Asturies.

De Santander, nous revînmes vers Vitoria, en nous séparant, de manière à couper la chaîne Cantabrique sur deux points. Notre but était de rechercher jusqu'où se prolongent vers l'E. les terrains dévonien et carbonifère des Asturies, et nous reconnûmes que, soit à la hauteur du port de l'Escudo, soit à celle d'Espinosa et du col des Estacas, il n'y a plus trace de dépôts antérieurs à ceux du jura et de la craie. L'axe même de la chaîne, et ses plus hautes sommités, ne sont composés que de couches peu inclinées de grès noirs, de schistes micacés et de calcaires crétacés (2). Le

---

(1) *Bull.*, 2ᵉ sér., vol. X, p. 77.
(2) Nous avons trouvé près du col des Estacas des calcaires remplis d'Orbitolites et de fragments de *Requienia lævigata*, semblables à ceux

col de l'Escudo, d'environ 80 à 100 mètres plus élevé que celui de Reynosa, atteint 1023 mètres d'altitude.

Quand on a monté pendant de longues heures, depuis la mer jusqu'à la crête de la chaîne, rien ne frappe plus le voyageur que de se trouver, après une courte descente, au milieu d'un pays complétement ouvert, mais l'étonnement cesse, quand on se rappelle que ce pays ouvert constitue un plateau placé à environ 800 mètres d'altitude. Un autre sujet de surprise est la différence qui existe entre les roches du versant nord de la chaîne et celles de ses contre-forts ou des plateaux qui la bordent au sud, bien que les unes et les autres soient du même âge. Dans la province de Santander, en effet, le terrain crétacé se compose, comme dans les Pyrénées françaises, de grès, de schistes et de calcaires, tous de couleur foncée. Traverse-t-on la chaîne, on ne tarde pas à retrouver les calcaires jaunes ou blanchâtres, les sables blancs, les grès et les poudingues à cailloux de quartz blanc que nous avons signalés dans la Vieille-Castille et dans la province de Soria. Les caractères de la craie noire pyrénéenne se poursuivent jusqu'à Luanco, entre Gijon et le cap de Peñas, tandis que le bassin crétacé de l'intérieur des Asturies, qui s'étend d'Oviedo à Cangas de Onis, offre, par un contraste frappant, les caractères de la craie jaunâtre du centre de l'Espagne.

La petite rivière Nela, affluent de l'Èbre, coule dans une vaste plaine tertiaire, au milieu de laquelle se trouve Villarcayo, qui n'est qu'à 614 mètres au-dessus de la mer. La Nela s'unit à l'Èbre, près de Traspaderne, village situé à 538 mètres. Le terrain tertiaire lacustre de Villarcayo paraît être isolé au milieu de la craie et se terminer près de Frias. Sur ce dernier point, l'Èbre entre dans des gorges profondes pratiquées à travers le calcaire crétacé qui relie la chaîne de Pancorbo avec le massif d'Orduña.

Enfin, nous arrivâmes au terme de notre voyage, en étudiant à Miranda le terrain tertiaire d'eau douce, qui, de même que dans le bassin de Villarcayo, offre de nombreux dérangements; puis

---

qui, à l'entrée du port de Santander, caractérisent avec le *Radiolites polyconilites* le quatrième étage de la craie du S.-O. de la France (étage cénomanien). On sait que c'est à M. d'Archiac qu'on doit d'avoir sous-divisé en quatre étages la craie du S.-O. de la France, et l'application qu'il a faite à l'Espagne de ses connaissances si profondes à ce sujet donne le plus haut intérêt au chapitre qu'il a consacré à la craie de la péninsule dans son cinquième volume de l'*Histoire des progrès de la géologie*. C'est ce qui a été dit de plus complet.

en arrivant près d'Armiñon, nous trouvâmes le terrain nummulitique, au milieu duquel est situé Vitoria. Ce terrain, qui occupe vers l'E. une zone de plus en plus large, reste toujours sur la rive gauche de l'Èbre et ne pénètre pas dans le centre de l'Espagne. Sur ce point, notre voyage de cette année est venu confirmer l'idée, émise précédemment par l'un de nous, qu'à l'époque nummulitique la masse principale de la péninsule, entre l'Èbre et le Guadalquivir, était déjà émergée, et nous ajouterons ici que l'absence, dans cette partie de l'Espagne, de dépôts marins plus récents semble attester que la mer n'en a jamais repris possession.

Si, déjà avant l'époque nummulitique, l'Espagne avait subi des relèvements qui avaient exondé la majeure partie de son sol, elle était destinée à des révolutions plus considérables encore, dont l'une a suivi le dépôt des couches nummulitiques toujours fortement redressées, et l'autre a été postérieure au dépôt des terrains miocènes. Les chiffres seuls de notre tableau ont, à cet égard, un langage qu'on ne saurait réfuter. En effet, après avoir reconnu que vers le milieu, et peut-être aussi dans les derniers temps de la période tertiaire, l'Espagne était couverte de lacs, les uns salés, la plupart d'eau douce, il suffit de jeter les yeux sur les cotes de hauteurs des lieux qu'occupent aujourd'hui leurs dépôts pour se convaincre que le relief du sol devait être différent alors de ce qu'il est aujourd'hui, car si ces lacs eussent été situés à 1200 ou 1400 mètres, comme le sont quelques-uns de leurs sédiments, aucune barrière ne se serait opposée à l'écoulement de leurs eaux.

La géologie vient ici à l'appui des considérations purement orographiques, et nous fournit des preuves directes que des révolutions très récentes ont agité le sol de l'Espagne, et ont dû contribuer, dans une grande mesure, à lui donner sa forme actuelle. En effet, les terrains lacustres sont presque partout relevés sur leurs bords, principalement lorsqu'ils sont en contact avec la craie. Cette règle ne souffre guère d'exceptions que dans la grande plaine de la Manche, où les dépôts tertiaires, soit à l'E., du côté de Cuenca, soit à l'O., près des terrains paléozoïques, sont presque toujours horizontaux. Nous avons vu, au contraire, qu'il n'en est pas ainsi sur le revers méridional de la chaîne du Guadarrama, et encore moins dans la haute région qui s'étend de Teruel à Montalban. Les terrains lacustres ont également perdu leur horizontalité primitive le long de la bande crétacée qui, de Soria, va à Deza et à Alhama, tandis qu'ils paraissent en général l'avoir conservée dans le bassin de Daroca, et dans une partie de celui de l'Èbre, là où ils sont en contact avec des terrains antérieurs à la craie. Mais dans la partie supérieure de ce bassin, où cette dernière leur servait de rivage, près de Miranda et de Villarcayo, ils offrent des dérangements qui deviennent d'autant plus considérables qu'on s'approche davantage de la chaîne Cantabrique. C'est particulièrement au pied de cette chaîne que s'observent les plus violentes dislocations des dépôts tertiaires, et surtout entre les rivières Pisuerga et Porma. Là, en effet, ils ne sont pas seulement redressés jusqu'à la verticale ; mais près de Santivañes et de Guardo le renversement est si complet que l'on voit distinctement les conglomérats tertiaires passer sous la craie, et celle-ci sous les schistes houillers. Ces dislocations, quelque violentes qu'elles soient, ne s'étendent néanmoins qu'à une petite distance de la chaîne, et nous nous sommes assurés en plusieurs occasions, que déjà à quelques lieues de la plaine les couches reprennent peu à peu leur horizontalité.

Il est très important de faire remarquer que les dérangements qu'offrent si souvent en Espagne les dépôts miocènes ne sont généralement accompagnés d'aucune éruption d'ophite, et ne peuvent être, comme en France, attribués à la sortie de cette roche (1). Ils sont plutôt dus à des ridements, qui, agissant par pression latérale, ont affecté la plus grande partie de l'Espagne, ont porté son sol à la hauteur considérable où il se trouve aujourd'hui, et, en découpant une partie de ses rivages, en ont fait en un mot la péninsule, telle que nous la voyons.

On comprend qu'un plateau aussi élevé et entouré de tant de côtés par la mer doive avoir plus de torrents que de véritables rivières, à cause de la pente considérable du sol. En effet, la plupart des cours d'eau en Espagne ont un caractère torrentiel, charrient beaucoup de cailloux roulés, et coulent au milieu de précipices qu'ils paraissent avoir en partie creusés. Nulle part on ne peut mieux étudier la force érosive et destructrice des eaux. Un proverbe espagnol dit : *El agua nunca para* ; en effet, quel que soit le relief du sol, il faut que les eaux se rendent à la mer, et, pour y arriver, il n'est pas d'obstacles qu'elles ne puissent vaincre. Les défilés qu'elles ont creusés, distincts des fentes ou failles dues à une force intérieure, commencent ordinairement par des demi-cercles ou fers à cheval, comme à la cascade de Niagara en Amérique, et suivent des courbes repliées sur elles-mêmes, imitant

______

(1) Les roches plutoniques sont très rares, en effet, en Aragon et dans la chaîne du Moncayo à Burgos. Nous n'avons rencontré, dans tout notre voyage, qu'une masse d'ophite peu considérable près de Pradilla, entre Ezcaray et Belorado.

les méandres de nos rivières plus tranquilles. C'est surtout dans le haut massif oriental de l'Espagne que les cours d'eau offrent les encaissements et les précipices les plus abrupts. Nous citerons particulièrement l'Èbre, vers son embouchure, le Jalon, le Mijares, le Guadalaviar, le Cabriel, le Jucar, le Segura et enfin le Tage lui-même qui, depuis sa source jusqu'à Trillo, coule dans des gorges d'une profondeur effrayante. L'intérêt qui s'attache en tous pays, mais surtout en Espagne, à la pente moyenne des cours d'eau, nous engage à terminer ce mémoire par un aperçu de quelques-uns des chiffres que nous fournissent nos observations barométriques.

Si nous étudions d'abord le Jalon, nous voyons que la distance qu'il parcourt depuis Arcos jusqu'à son embouchure dans l'Èbre est d'environ 150 kilomètres. Son niveau qui, à Arcos, est à peu près à 820 mètres, n'est plus qu'à 220 à son embouchure. La différence est donc de 600 mètres qui, répartis sur une longueur de 150 kilomètres, donnent une pente de 0,0040 par mètre. L'érosion étant en général proportionnelle à la pente, on n'est pas étonné de voir que la vallée du Jalon est, près d'Ariza, à plus de 300 mètres au-dessous du niveau des plateaux.

Le Jalon reçoit, près de Calatayud, une petite rivière qu'on nomme le Jiloca. Entre le pont de Daroca et Calatayud, la distance peut être d'environ 50 kilomètres, et la différence de niveau, de 218 mètres, ce qui donne pour cette rivière une pente de 0,0043, peu différente, comme on voit, de celle du Jalon. A Daroca, la vallée d'érosion a 190 mètres de profondeur au-dessous du plateau tertiaire.

Si nous passons au Duero et que nous décomposions son cours en plusieurs parties, nous voyons que, près de sa source, sa hauteur est de 1090 mètres à Vinuesa, et de 1025 à Soria, et comme la distance entre ces deux points est d'environ 26 kilomètres, la pente du fleuve serait de 0,0025 par mètre.

Entre Soria et Almazan, la distance est à peu près de 40 kilomètres, et la différence de niveau de 102 mètres, ce qui donne encore une pente de 0,0025. A Almazan, l'érosion du plateau tertiaire est d'environ 200 mètres, et paraît due à une action ancienne plus puissante que celle des eaux du fleuve. A partir de cette ville, le Duero entre dans les grandes plaines tertiaires, et son cours devient plus tranquille. La distance d'Almazan à Aranda étant d'environ 120 kilomètres, et la différence de niveau de 140 mètres, on peut évaluer à 0,0012 par mètre la pente de ses eaux dans cette partie de la Vieille-Castille. C'est à peu près la pente que l'un de nous a déjà attribuée au Tage, entre Trillo et Aranjuez (1).

Nous terminerons enfin par l'examen des pentes de l'Èbre. Depuis son embouchure jusqu'à Saragosse, l'Èbre, sur une distance d'environ 230 kilomètres, a une pente de 183 mètres, ce qui donne 0,0008 par mètre ; de Saragosse à Miranda, il parcourt avec ses détours environ 240 kilomètres, et la différence de niveau étant de 282 mètres donne une pente 0,0012 ; enfin, de Miranda jusqu'à sa partie supérieure, près de Reynosa, il offre une différence de niveau de 335 mètres ; or, la distance étant de 120 kilomètres à peu près, il doit avoir une pente de 0,0027. On voit qu'à mesure qu'on remonte ce fleuve vers sa source, il prend une pente de plus en plus rapide. C'est aussi dans cette partie de son cours qu'il est bordé par des escarpements considérables, et qu'il traverse, comme à Haro et entre Frias et Miranda, des chaînes composées de calcaire crétacé d'une extrême dureté.

Dans le rapide exposé qui précède, nous n'avons pu communiquer à la Société qu'une petite partie de nos observations géologiques. Ce sera, nous l'espérons, l'objet d'un travail plus étendu ; mais, en attendant, nous croyons devoir indiquer ici quelques-unes des propositions générales qui en sont comme le résumé.

1° Les dépôts diluviens sont principalement développés autour du Guadarrama et sur le versant méridional de la chaîne Cantabrique ; ils y sont composés en général de cailloux de quartzite. On en voit peu dans la partie méridionale de l'Aragon, mais il y en a quelques traces dans la chaîne du Moncayo.

2° Les dépôts lacustres ont été soulevés presque partout où ils sont en contact avec la craie, et portés quelquefois à des hauteurs considérables, soit en couches inclinées, soit en couches horizontales (1450 mètres entre Teruel et Montalban).

3° Ce soulèvement ne peut être attribué à des roches éruptives qui sont rares et de peu d'étendue soit dans l'Aragon, soit au pied sud de la chaîne Cantabrique où ce phénomène est très fréquent.

4° Composés de sédiments lacustres dans tout le plateau intérieur de l'Espagne, les terrains tertiaires offrent quelques traces d'animaux marins dans le bassin de l'Èbre.

5° Les sels et les gypses qu'ils renferment sont toujours stratifiés régulièrement, et ne peuvent être le résultat d'un métamorphisme

---

(1) *Bull.*, 2ᵉ sér., vol. X, p. 63.

postérieur au dépôt des couches, car ils ne sont accompagnés d'aucune roche éruptive.

6° Les dépôts lacustres du centre de l'Espagne appartiennent en général à l'époque miocène, cependant les calcaires des *vueltas* de Segura semblent être contemporains des sédiments lacustres du bassin d'Aix, en Provence, que la plupart des géologues croient éocènes.

7° Le terrain miocène lacustre commence presque toujours à sa partie inférieure par de puissants conglomérats composés de gros fragments de calcaire crétacé, qui ont été détachés probablement des falaises contre lesquelles les eaux se balançaient, ou apportés de très petite distance par des torrents.

8° Des sources abondantes, froides ou thermales, comme celles de Deza et d'Alhama, sourdent fréquemment au point de contact de ces conglomérats avec la craie.

9° Le terrain nummulitique ne se trouve que sur le pourtour de l'Espagne, et n'entre pas dans le plateau central.

10° Le terrain néocomien est relégué dans la partie orientale de la Péninsule. Il s'étend depuis Montalban jusqu'à Alcoy et même jusque près d'Elche et d'Almanza. Ailleurs la craie se compose en général : 1° d'une grande masse calcaire, qui représente la craie chloritée ou étage turonien ; et 2° de puissants dépôts de sables et de grès blanchâtres qu'on peut comparer au grès vert ou étage cénomanien. Dans les montagnes de Soria et de Burgos, il s'y ajoute par en bas un troisième étage composé de poudingues à cailloux de quartz hyalin, qui acquièrent parfois une immense épaisseur, et qui sont dépourvus de fossiles.

11° Le facies de la craie pyrénéenne se poursuit dans la chaîne Cantabrique et se termine à Luanco (Asturies). Le bassin d'Oviedo, au contraire, ainsi que la bande crétacée qui s'étend au pied méridional de cette chaîne, se compose de calcaire jaune et de sables ou grès blanchâtres comme la craie du centre de l'Espagne.

12° Les meilleurs charbons de l'Espagne, après ceux du terrain houiller, appartiennent à la craie, tels que ceux d'Utrillas, de Torrelapaja, de Rozas, etc.

13° Le terrain jurassique se compose presque exclusivement de calcaire. Les grès y sont rares, excepté près de Colunga et de Ribadesella en Asturies. Les deux étages les mieux caractérisés sont les étages liasique et oxfordien. Le lias inférieur ou calcaire à Gryphée arquée manque presque partout, excepté peut-être à Nieva, dans la province de Logroño, où nous avons recueilli quelques fossiles qui semblent indiquer sa présence.

14° De même que la craie, le terrain jurassique ne contient, en général, ni gypse ni sel ; ces deux substances, au contraire, sont très communes dans le trias. Elles s'y trouvent en couches régulièrement stratifiées, mais percées de loin en loin par des roches amphiboliques. Ces roches, qu'on peut à peine colorier sur une carte à cause du peu d'espace qu'occupent leurs affleurements, paraissent être plus anciennes que le terrain jurassique et ne pas y avoir pénétré.

15° Le calcaire magnésien ou muschelkalk, très commun en Espagne, est pauvre en fossiles ; cependant nous y avons découvert cette année entre Hombrados et Castellar le *Nautilus bidorsatus*.

16 Les grès de Retienda, Valdesotos et Bonabal, dans la province de Guadalajara, sont certainement de l'époque houillère, mais le charbon en est léger, analogue au lignite et en couches peu épaisses.

17° La partie orientale du Guadarrama se termine près d'Iman par un terrain dévonien, qui succède aux dépôts siluriens. Analogue à celui de Hinarejos, dans la province de Cuenca, il semble appartenir aux plus anciens sédiments de cette époque, que M. Dumont appelle terrain rhénan. Il en est de même, au moins en partie, pour ceux de la Sierra Morena et de la chaîne Cantabrique.

18° La chaîne du Guadarrama est silurienne dans sa partie centrale, ainsi que les deux chaînes de Hused et de Cariñena, entre lesquelles se trouve Daroca. Quelques Bilobites et Graptolites, trouvés par M. Casiano de Prado, indiquent que les couches, exclusivement composées de quartzites et de schistes sans calcaires, se rapportent à la période silurienne inférieure.

19° La première de ces chaînes se termine près d'Atienza et laisse pénétrer le terrain tertiaire du Duero jusqu'au lac de Gallocanta. Également aussi la chaîne ibérique se termine près de Villafranca de Oca, de sorte que ce même terrain tertiaire du Duero pénètre au N. dans la vallée de l'Èbre.

20° Les chaînes intérieures qui traversent l'Espagne sont, en général, dirigées de l'E.-N.-E. à l'O.-S.-O. Le système ibérique, ainsi que la chaîne de Cariñena et de Hused, affectent seuls une direction N.-O., que les couleurs géologiques dessinent d'une manière très prononcée sur notre carte.

21° La craie sur les hauts plateaux au nord de Burgos et au sud d'Aguilar de Campoo semble avoir éprouvé des contractions latérales, qui ont produit des vallées elliptiques. Les tranches des couleurs dessinent, à l'intérieur de ces dépressions, des rubans ou ceintures, que les gens du pays appellent *cintos*. Au centre de ces vallées, les couches sont plus redressées que sur les bords.

22° Enfin, dans aucune contrée, les poudingues ne sont plus abondants qu'en Espagne. Ils commencent à partir du terrain houiller qui en renferme beaucoup. Il y en a des masses très épaisses aussi dans le trias, dans la craie, dans le terrain nummulitique, dans le terrain tertiaire, et enfin dans les alluvions anciennes. Quand ils ont été soulevés, ils présentent souvent ce phénomène que les cailloux très souvent quartzeux ont été usés, polis, et pénètrent les uns dans les autres. Nous n'avons observé ce fait que dans le trias dans le terrain houiller.

(*Note supplémentaire*.) Nous avons parlé, page 20, des gîtes de sulfates de soude exploités à Tauste et à Zerezo, dans le bassin de l'Èbre. Il en existe aussi, à ce qu'il paraît, dans le bassin du Jalon et de Daroca ; une notice de M. Lasala, publiée dans le dernier numéro de la *Revista minera*, page 724, nous apprend en effet qu'une Société se propose d'exploiter des sulfates de soude et de magnésie qui abondent dans les marnes d'eau douce des environs de Calatayud.

Tableau des altitudes prises en Espagne, pendant l'été de 1853, par MM. de Verneuil et de Lorière.

Mois et jours	Heures.	LIEU DE L'OBSERVATION.	Hauteur du baromètre (mercurielle réduite à 0 temp.).	Thermomètre à l'air libre.	Hauteur au-dessus de la mer.	ÉTAT DU CIEL.	OBSERVATIONS.
			mm.	o.	m.		
Mai 16	3 s.	Guadalajara	696,3	14,5	678	Orage, pluie, grand vent.	Terrain tertiaire miocène.
	10, 30 s.	Ibid.	697,3	9	...	Pluie continuelle.	
17	6 m.	Ibid.	698,2	7,0	...	Temps couvert.	
	3 s.	Muela d'Alarilla.	674	9,5	973	Vent et pluie.	Id.
	4 s.	Village d'Alarilla.	685,6	10	835	Temps moins couvert.	Id.
	5 s.	Pont sur le Henares.	697	9,5	695	Temps couvert.	Id.
	7 s.	Torre Belena.	681,7	8	879	Pluie fine, neige fondue.	Id.
18	6 m.	Ibid.	688	»	...	Beau temps.	
	2 s.	Retiendas.	688,7	16	890	Beau temps, quelques nuages.	Craie chloritée.
19	11 s.	Tamajon.	677,6	10	...	Beau temps.	Id.
	6 m.	Ib.	677,6	8,5	1027	Ciel pur.	
	3 s.	Pico d'Ocejon.	598,8	9,5	2057	Grêle, assez beau temps, un peu couvert.	Schistes ardoisiers siluriens.
20	9 s.	Tamajon.	677,2	12,5	1028	Orage, couvert.	Craie chloritée.
	6, 30 m.	Ib.	675,2	10	...	Nuages.	
	10 m.	Pic au-dessus du moulin de Muriel.	676,8	13	1023	Nuages.	Id. L'épaisseur de la craie, en couches horizontales, est de 180 mètres.
	10, 15 m.	Pont près du moulin de Muriel.	691,5	14	843	Nuages.	Schistes siluriens.
	3, 30 s.	Santotis.	657	14	1254	Orage, nuages.	Quartzites siluriens.
	10, 30 s.	Congostrina.	676,3	11	1028	Ciel bleu.	Craie chloritée.
21	6 m.	Ib.	675,4	8	...	Nuages.	
	2 s.	Yendelencina.	668,1	14,5	1082	Couvert, pluie.	Gneiss.
	11 s.	Ibid.	666,6	12,5	1082	Id.	

Mois et jours	Heures.	LIEU DE L'OBSERVATION.	Hauteur du baromètre (mercurielle réduite à 0 temp.).	Thermomètre à l'air libre.	Hauteur au-dessus de la mer.	ÉTAT DU CIEL.	OBSERVATIONS.
22	7 m.	Ibid.	663,5	10	1082	Très couvert, il a plu toute la nuit.	
	11 m.	Ibid.	662	13,5	1082	Très couvert.	Le chiffre de 1082 mètres est la moyenne de nos observations.
	3 s.	Ibid.	661	12,8	1082	Très-couvert, pluie.	
	9. 30 s.	Ibid.	660,7	10	1082	Couvert.	
23	6 m.	Ibid.	660	9	1082	Id.	
	10 s.	Siguenza.	664,1	10	...	Grand vent, pluie.	Trias. Le 23, 24 et 25 le vent fut très violent et très froid, bien qu'il vint du sud.
24	7 m.	Ibid.	658,4	7	...	Id., pluie continuelle.	
	12 m.	Ibid.	660,1	8	996	Id., pluie, temps très couvert.	
	3 s.	Ibid.	661,3	8,5	...	Id.	
	10 s.	Ibid.	664,2	8,5	...	Id.	
25	8 m.	Ibid.	665	9	977	Temps couvert, il a plu toute la nuit.	La moyenne de 6 observations donne, pour Siguenza, la hauteur de 988 mètres.
	2, 30 s.	Algora	656,5	9	1090	Il pleut toute la journée.	Craie.
	10 s.	Siguenza.	665,8	9	...	Très couvert, pluie.	Terrain triasique.
26	7 m.	Ibid.	666,9	10	...	Quelques nuages, temps assez beau.	
	1, 30 s.	Imon.	672,6	14	940	Quelques nuages, beau temps.	Trias reposant sur le terrain dévonien.
	11 s.	Atienza.	661,3	9	...	Pluie torrentielle.	Craie chloritée.
27	7 m.	Ibid.	662,4	9,5	...	Quelques nuages, temps assez beau.	
	9 m.	Padrastro d'Atienza.	651,4	13,8	1272	Nuages.	Id. L'épaisseur de la craie est de 150 mètres en couches horizontales.
	11, 30 m.	Atienza.	663,3	14	1122	Nuages, beau temps.	
	10 s.	Barabona.	666,5	9	...	Couvert, il pleut un peu.	Id.
28	6 m.	Ibid.	667,3	8	...	Quelques nuages.	
	12 m.	Ibid.	668	14	1122	Quelques nuages, beau temps.	
	3 s.	Pont de Villasayas.	676,7	14	1011	Id.	Tertiaire lacustre, avec fossiles d'eau douce.
	5 s.	Covertelada.	676	14	1020	Id.	Id.
	7, 30 s.	Almazan, pont sur le Duero.	683,8	13	923	Nuages, grand vent.	Id.
	10 s.	Ibid., à l'auberge.	684	9	...	Ciel pur.	
29	7 m.	Ibid.	684,5	9,3	...	Nuages.	

Mois et jours	Heures.	LIEU DE L'OBSERVATION.	Hauteur du baromètre (colonne mercurielle réduite à 0 temp.) (mm)	Thermomètre à l'air libre. (°)	Hauteur au-dessus de la mer. (m)	ÉTAT DU CIEL.	OBSERVATIONS.
Mai 29	1 s.	Une lieue de Radona au sommet du plateau tertiaire.	666,8	15,7	1134	Nuages, beau temps...	Tertiaire lacustre.
	3,30 s.	Radona.	671,5	15	1088	Quelques nuages, beau temps.	Id.
	7 s.	Medinaceli, à la porte de la ville.	664,1	10,5	1184	Quelques nuages.	Calcaires du trias.
	10 s.	Ibid., à l'auberge de San-Francisco.	678,4	11	1003	Ciel pur.	Marnes et grès triasiques.
30	7 m.	Ibid.	678,5	9	...	Id.	
	2 s.	Arcos.	689,6	17	820	Quelques nuages, beau temps.	Tertiaire lacustre.
	10 s.	Ariza.	699,4	12	...	Ciel pur.	Id.
31	6 m.	Ibid.	698,1	10	607	Quelques nuages, beau temps.	
	8 m.	Sommet du plateau entre Ariza et Bordalba.	671,3	12	1028	...	Dilurium.
Juin 1	2 s.	Deza.	882,5	15	871	Couvert, grand vent...	Source thermale au pied de l'escarpement crétacé et à sa jonction avec le terrain tertiaire; température, 25 degrés.
	10 s.	Ibid.	687,9	8	871	Ciel pur, grand vent.	
	6 m.	Ibid.	684	4	871	Ciel pur, beau temps, sans vent.	Tertiaire lacustre, avec coquilles fossiles.
	4 s.	Torrelapaja.	674,7	17	988	Beau temps, un peu de vent.	Grès crétacé.
	11 s.	Ibid.	676,2	11	...	Ciel pur.	En moyenne, 992.
2	6 m.	Ibid.	676,8	11	997	Ciel couvert, pas de vent.	
	3,30 s.	Villaroya.	698,4	18	730	Nuages, temps orageux.	Tertiaire lacustre.
	11 s.	Calatayud.	715	16	539	Quelques nuages.	Id.

Mois et jours	Heures.	LIEU DE L'OBSERVATION.	Hauteur du baromètre (colonne mercurielle réduite à 0 temp.) (mm)	Thermomètre à l'air libre. (°)	Hauteur au-dessus de la mer. (m)	ÉTAT DU CIEL.	OBSERVATIONS.
3	8 m.	Ibid.	714,2	15	...	Quelques nuages, beau temps.	
	12 m.	Ibid.	712,7	21	539	Nuages, temps très orageux.	
	8 s.	Ateca.	708,3	18	575	Couvert, orageux.	Psaumites et quartzites siluriens.
4	5 m.	Ateca.	707,1	13	...	Couvert, il a plu beaucoup pendant la nuit.	
	1 s.	Alhama.	699,7	20	672	Temps un peu orageux.	Jonction de la craie et du terrain tertiaire lacustre. Source thermale à 32 degrés centigrades.
	5,30 s.	Ibid.	699,5	20	...	Beau temps, des nuages.	
	9 s.	Ibid.	701	16,5	...	Temps couvert.	
5	6 m.	Ibid.	701	14	...	Id.	
	12 m.	Ibdes.	696,3	20	708	Quelques nuages, un peu de vent.	Tertiaire lacustre.
	3,30 s.	Couvent de Piedra.	689,4	18	793	Temps orageux, il pleut.	Calcaire de la craie chloritée.
	10 s.	Ibdes.	697,2	14,5	...	Il pleut, très couvert.	Tertiaire.
6	7 m.	Ibid.	697,4	14	...	Il pleut un peu, temps très couvert.	
	11,30 m.	Sisamon.	670,3	14	1050	...	Craie qui affleure de dessous les conglomérats tertiaires.
	4,15 s.	Iruecha.	654,4	12	1265	Il pleut souvent, temps très couvert.	Lias.
	9 s.	Mochales.	677,8	12	...	Temps très couvert.	Id.
7	6 m.	Ibid.	679,3	12	998	Ciel pur, sans vent.	
	10,30 s.	Anchuela.	666,5	7,5	...	Ciel pur.	Id.
8	7 m.	Ibid.	667,4	5	1163	Beau temps.	
	2,30 s.	Fuentelsalz.	671,2	17,5	1115	Id.	Id.
	11 s.	Toralba de los Frailes.	673,4	12	...	Ciel pur.	Terrain crétacé, grès verdâtre.
9	6,30 m.	Ibid.	672,4	9,5	1090	Id.	
	1 s.	Pic d'Almenara au-dessus d'Hused	646,8	18	1423	Id.	Quartzites siluriens.
	4 s.	Hused	675,2	18	1046	Ciel pur.	Plaine diluvienne, source 15 degrés.
	6 s.	Col de Daroca.	660,5	24	1218	Beau temps.	Quartzites siluriens.
	11 s.	Daroca (à l'auberge).	696	16	765	Ciel pur.	Terrain triasique.
10	5,30 m.	Ibid.	693,7	17,2	...	Temps très couvert et très orageux	
	8,30 m.	Près Retascou, sommet du plateau tertiaire.	678,5	17	947	Temps couvert, vent.	Il y a dans les environs quelques points un peu plus hauts. Tertiaire lacustre.

Mois et jours	Heures.	Lieu de l'observation.	Hauteur du baromètre (colonne mercurielle réduite à 0 (temp.)).	Thermomètre à l'air libre.	Hauteur au dessus de la mer.	État du ciel.	Observations.
			mm.	°.	m.		
Juin 10	12 m.	Daroca (à l'auberge).	692,4	17	...	Orage.	Terrain triasique.
	7, 30 s.	Ibid.	694,2	14	...	Pluie continuelle.	
11	9 m.	Ibid.	691,2	9	...	Temps très couvert, il a plu toute la nuit, il pleut encore, grand vent.	
	12 m.	Ibid.	693,5	10,5	783	Temps très couvert, pluie continuelle.	
	6 s.	Ibid.	693,9	11	...	Id.	
	7 s.	Ibid., près du château de San-Cristobal.	684,9	9	905	Temps très couvert.	Terrain triasique.
	11 s.	Ibid. (à l'auberge).	694,9	10	...	Le temps est moins couvert.	
12	6 m.	Ibid.	695,2	9,5	...	Temps très couvert.	
	11, 30 m.	Ibid.	696,5	16	765	Quelques nuages.	Le chiffre de 765 mètres pour la hauteur de Daroca correspond à peu près à la moyenne de 9 observations.
	12 m.	Ibid., pont sur le Jloca.	696,2	17	757	Id.	Contact du terrain tertiaire et des quartzites siluriens.
	6, 30 s.	Lac de Gallocanta.	677,2	13	990	Id.	Tertiaire lacustre, près du contact du terrain silurien.
	10 s.	Tornos.	675,8	11	...	Ciel pur.	
13	6 m.	Ibid.	676,3	9	1021	Temps couvert.	
	2 s.	Odon.	674	15	1084	Id.	Craie.
	10 s.	Layunta.	669,8	9,5	...	Ciel pur.	Divers étages jurassiques, depuis le lias jusqu'à l'oxfordien, recouverts par du diluvium.
14	6 m.	Ibid.	668,3	7,3	1121	Temps très couvert, petite pluie.	
	9, 30 m.	Pic Lituero.	644	7,5	1474	Temps très couvert, grand vent.	En y montant, nous avons été pris par une bourrasque, et le thermomètre est descendu à +5°. Conglomérats du trias.
	2 s.	Castellar	661,5	14	1215	Quelques nuages, vent.	Marnes et calcaires du trias, avec *Nautilus bidorsatus*.
	10 s.	Setiles.	660,5	8	...	Ciel pur.	Muschelkalk.

Mois et jours	Heures.	Lieu de l'observation.	Hauteur du baromètre.	Thermomètre à l'air libre.	Hauteur au dessus de la mer.	État du ciel.	Observations.
15	6, 30 m.	Ibid.	661,1	6,5	1235	Quelques nuages.	
	9, 45 m.	Alto del Lobo.	639,3	7	1546	Temps couvert, vent du N. très violent.	Quartzites siluriens.
	12 m.	Villar del Salz (mine de sel).	671,4	14	1439	Temps couvert.	Conglomérats, marnes et calcaires dolomitiques, appartenant au trias.
	2 s.	Ojos Negros.	669,5	14	1455	Beau temps.	Étage oxfordien.
	3 s.	Une heure après Ojos Negros.	675	15	1089	Temps couvert, brumeux, grand vent.	Plateau jurassique incliné vers le Jloca.
	10, 30 s.	Villafranca	680,6	11	...	Ciel pur.	Lias.
16	6 m.	Ibid.	681,2	9	1015	Id.	Près Buena, source au contact du lias et des conglomérats tertiaires. Température 11°,5.
	11 m.	Une heure avant Aguaton.	658,9	15	1300	Id.	Calcaire tertiaire lacustre avec fossiles. Il s'élève encore davantage vers l'est.
	2 s.	Aguaton	663,4	19	1232	Beau temps.	Terrain tertiaire.
	5 s.	Pena Palomera.	639,3	14	1554	Beau temps, vent du N.	Entre Aguaton et Pena Palomera source 11o. Terrain jurassique.
	9, 30 s.	Masada Baja.	670,8	13	...	Ciel pur, vent du Nord.	Marnes d'eau douce, avec lignites et conglomérats tertiaires.
17	6, 30 m.	Ibid.	669,6	12,5	1140	Beau temps, un peu couvert.	
	10, 40 m.	Col entre Villarquemado et Alfambra.	664,3	14	1216	Beau temps, vent du N.	Grès tertiaire reposant sur le calcaire jurassique.
	1, 30 s.	Alfambra.	677,6	18	1033	Beau temps, quelques nuages.	Calcaire marneux tertiaire avec fossiles d'eau douce.
	6, 30 s.	Las Cruces del Pobo, crête au-dessus d'Escoriguela.	622	12	1763	Beau temps, vent du N.	Calcaire jurassique.
	7, 30 s.	Sommet du plateau tertiaire.	643	14	1472	Id.	Grès et conglomérats horizontaux.
	10 s.	El Pobo	650,5	12	...	Ciel pur.	Terrain tertiaire.
18	6 m.	Ibid.	649,7	10	1380	Id.	Id.
	2 s.	Jorcas.	652,5	22	1352	Légers nuages, beau temps.	Calcaires néocomiens.
	7, 30 s.	Près Camarillas (sommet du plateau tertiaire).	643,8	20	1446	Beau temps.	Conglomérats miocènes reposant sur le terrain crétacé.
19	6 m.	Camarillas.	653,4	43	1308	Nuages, assez beau temps.	La température des sources est de 11° et 11°,5.
	2 s.	Mezquita.	656,6	21	1258	Orage de peu de durée.	Calcaires tertiaires marneux d'eau douce. Source 10°.

Mois et jours	Heures	Lieu de l'observation	Hauteur du baromètre (colonne mercurielle réduite à temp°). (mm)	Thermomètre à l'air libre. (d)	Hauteur au-dessus de la mer. (m)	État du ciel	Observations
Juin 19	3, 30 s.	Terrain tertiaire avant la Sierra San-Just.	642	23	1458	Nuages.	
	4 s.	Sierra San-Just. (sommet).	637,7	18	1507	Orage avec tonnerre.	Calcaire crétacé.
20	10 s.	Montalban.	688,4	18,5		Nuages.	Poudingues tertiaires très inclinés.
	7 m.	Ibid.	687,8	17	848	Ciel pur.	En 1854 de nouvelles observations nous ont donné 829 mètres. La moyenne serait 838.
	9, 30 s.	Montalban.	688,4	18,5		Nuages.	
21	7 m.	Ibid.	688,1	13		Temps couvert.	
	9 m.	Région élevée entre Montalban et Armillas.	658,6	10	1212	Pluie fine avec vent du N.	Schistes et quartzites anciens.
	10 m.	Hauteurs près des salines d'Armillas.	664	12,5	1147	Vent du N.-O. violent.	Calcaire magnésien ou muschelkalk.
	1, 30 s.	Mine de sel d'Armillas.	666,8	13	1099	Temps couvert.	
	6, 30 s.	Bains de Segura.	674,2	15	1009	Assez beau temps.	Argiles et calcaire magnésien du trias.
	7, 30 s.	Col de Segura.	654	13	1268		Calcaire crétacé.
	10, 30 s.	Segura.	662,8	11		Ciel couvert de quelques nuages.	Conglomérats et grès tertiaires très inclinés.
22	6 m.	Ibid.	663,1	10	1132	Temps couvert.	Marnes du trias.
	8 m.	Collines tertiaires au S. de Segura.	652,7	10	1268	Id.	Il y a quelques points qui nous ont paru encore plus hauts.
	11, 30 m.	Vueltas de Segura.	653,8	14,5	1238	Id.	Calcaire avec fossiles éocènes d'eau douce, reposant sur le calcaire crétacé.
23	5, 30 s.	Cortes.	677,1	14,5	934	Temps couvert.	Craie en contact avec le jura.
	10, 30 s.	Muniesa	690,8	»			Calcaire jurassique recouvert près de là par le terrain tertiaire.
	6 m.	Ibid.	690,6	11	783	Ciel pur.	
	9 m.	Sommet du terrain tertiaire.	688,3	16	826		Une heure à l'est de Muniesa ; calcaire blanc marneux.

Mois et jours	Heures	Lieu de l'observation	Hauteur du baromètre (colonne mercurielle réduite à temp°). (mm)	Thermomètre à l'air libre. (d)	Hauteur au-dessus de la mer. (m)	État du ciel	Observations
24	2 s.	Ventas de Muniesa.	698,8	15,8	712	Beau temps, vent du N.	Contact du calcaire jurassique et des poudingues tertiaires.
	9 s.	Azuara.	711,6	16		Ciel pur.	Poudingues rouges tertiaires en couches horizontales.
	6 m.	Ibid.	712,6	16	546	Ciel pur, pas de vent.	Calcaire dolomitique du trias.
	4 s.	Herrera.	693	18	800	Ciel pur.	
	4 s.	Cabezo de la Virgen de Herrera.	650,1	18	1360	Beau temps, vent du N.	Quartzites siluriens.
25	9 s.	Herrera.	694,7	17		Ciel pur.	Limite du trias et du terrain tertiaire.
	6 m.	Ibid.	695,7	13		Très beau temps.	Près d'Aguilon, source 13°.
	2 s.	Venta de Villanueva.	711,7	23	615	Id.	Limite du terrain jurassique et des poudingues tertiaires.
	4 s.	Sommet du plateau jurassique	702,6	21,5	731	Temps couvert.	Grès tendres argileux et poudingues tertiaires.
	10 s.	Maria.	736,5	20		Id.	
26	5. 30 m.	Ibid.	736,6	17	356	Très beau temps.	
	12 m.	Saragosse (à l'auberge de la Cruz)	746,6	23	206	Beau temps.	
	10 s.	Ibid.	746,2			Id.	
27	7 m.	Ibid.	745,7	22		Ciel pur, un peu de vent.	
	11. 30 m.	A l'Université.	745,5	»	191	Temps orageux, ciel pur.	Alluvions et sables tertiaires. Si l'on compare la marche des baromètres à Madrid et à Saragosse, du 26 à douze heures jusqu'au 27 au soir, on voit qu'il y a eu dans l'un et l'autre lieu abaissement de 4 millimètres. Suivant la moyenne de six observations, Saragosse serait à 202 mètres. Suivant Berghaus, elle serait à 162 mètres.
	3 s.	A l'auberge.	743	25		Ciel pur.	
	7 s.	Au bord de l'Èbre.	744	24	183	Ciel pur.	
	10 s.	A l'auberge.	742,6	24		Id.	
28	6 m.	Ibid.	743,8	24	200	Id.	
	12 m.	Embouchure du Jalon.	740,7	31	225	Ciel pur, vent de l'E. assez fort.	
	4 s.	Alagon.	739,7	31	235		Bac de Cavanas.
	6 s.	Niveau de l'Èbre.	740,7	29	220		Il y a ici évidemment une erreur provenant probablement d'un léger changement dans la colonne barométrique. Remolinos doit être à 4 ou 5 mètres au-dessus de l'Èbre. Belle mine de sel gemme dans les argiles et limons du terrain tertiaire.
	10 s.	Remolinos.	740,7	28,	217	Ciel chargé au coucher du soleil, maintenant assez pur.	
29	5 m.	Ibid.	742	28		Ciel pur, chaleur orageuse.	
	10 m.	Ibid.	741,4	29		Id.	
	2 s.	Niveau de l'Èbre.	741,8	29		Village de Pradillas (au bac).	Deux mètres au-dessous de Remolinos.
	4 s.	Gallur.	738	31	249	Orage, il pleut un peu.	Terrain tertiaire.
	10 s.	Ibid.	739,5	26		Ciel un peu couvert.	

Mois et jours	Heures.	Lieu de l'observation.	Hauteur du baromètre (colonne mercurielle réduite à 0 temp.)	Thermomètre à l'air libre.	Hauteur au-dessus de la mer.	État du ciel.	Observations.
			mm.	°	m.		
Juin 30	5 m.	Ibid.	739	20	249	Ciel pur.	
	3 s.	Tabuenca.	689,2	»	854	Ciel pur avec quelques nuages de chaleur.	Source 14°. Trias.
	4 s.	Sierra de Tabuenca, près le pic de las Almas.	669,2	27,5	1147		Ce point s'appelle El Collado de la sierra de Tabuenca; calcaire lias.
Juill. 1	10 s.	Mine de la Mensula.	688,3	22		Ciel pur.	Grès rouge micacé triasique.
	6 m.	Ibid.	688,9	13,5	854	Beau temps.	
	3 s.	Calcena.	690,6	23	825	Id.	La hauteur a été prise à l'auberge du haut du bourg. Source 12°,5. Lias.
2	9 s.	Veraton.	649,3	10		Ciel pur.	Grès rouge micacé triasique.
	5 m.	Ibid.	650,8	7	1364	Id.	En prenant les observations de Bordeaux comme point de comparaison, le Moncayo aurait 2344 mètres au-dessus de cette ville qui, comme on sait, est très peu élevée au-dessus de la mer. Grès rouge très micacé, schistoïde, appartenant probablement au trias.
	8, 30 m.	Limite de Castille et d'Aragon.	588,2	11,3	2253	Id.	
	10, 25 m.	Sommet du Moncayo.	582,5	12	2339	Id.	
	12 m.	Ibid.	582,9	12	2340	Id.	
	3, 30 s.	Chapelle de la Vierge du Moncayo.	634,8	15	1610	Ciel pur.	Conglomérats subordonnés au grès rouge. La différence de niveau entre la cime du Moncayo et la chapelle de la Vierge est de 730 mètres, si l'on calcule les altitudes de ces deux points, en prenant pour base les observations de Madrid. Cette même différence, calculée directement en descendant du Moncayo à la chapelle, ne serait que de 712 mètres.
3	10 s.	Ibid.	635,4	14		Ciel étoilé.	
	5 m.	Ibid.	634,5	13		Ciel pur. Nuages légers de chaleur sur la plaine.	
	2, 30 s.	Agreda.	687,4	23	928	Ciel pur.	Source 14° terrain jurassique. (Par une seconde mesure, prise en 1854, nous avons trouvé 925 mètres.)
	10, 30 s.	Matalabrera.	683	13	980	Ciel étoilé.	Grès et poudingues crétacés à cailloux de quartz hyalin.
4	6 m.	Ibid.	682,1	15	990	Ciel pur, pas de vent.	La moyenne des deux observations serait 985.
	8 m.	Sierra del Madero.	669,4	20	1169	Id., vent du Sud.	Calcaire oolitique. Terrain jurassique.

Mois et jours	Heures.	Lieu de l'observation.	Hauteur du baromètre (colonne mercurielle réduite à 0 temp.)	Thermomètre à l'air libre.	Hauteur au-dessus de la mer.	État du ciel.	Observations.
	11, 30 m.	Oxenara (maison du cantonnier).	668	26	1184		Terrain jurassique.
	3 s.	Fuensauco.	673,4	26	1100	Beau soleil, deux ou trois nuages légers.	Terrain crétacé.
5	10 s.	Soria.	677,3	20	1058	Ciel pur.	Craie et terrain tertiaire. La moyenne de ces quatre observations donne une altitude de 1058 mètres, tandis qu'une autre mesure prise par nous un peu plus tard, en 1854, ne nous donne que 1046 mètres.
	7 m.	Ibid.	677,1	21		Id.	
	9 m.	Ibid.	677	22		Id.	
	12 m.	Ibid.	676,6	24		Id.	
	3, 30 s.	Pont du Duero, à Soria.	679,2	29	1025	Id.	
	9 s.	Fuentetoba.	674	29	1098	Id., chaleur lourde.	Grès et sables crétacés, surmontés par des masse de calcaire.
6	6 m.	Ibid.	673,5	19		Id.	Le baromètre n'est descendu pendant la nuit que de 0mm,5, tandis qu'il est descendu de 1,5 à Madrid.
	12 m.	Bilbiestre.	676,3	31	1050	Id., chaleur lourde.	Sables, grès et conglomérats crétacés.
	3, 30 s.	Ibid.	675,9	31			
	7 s.	Pont du Duero à Vinuesa.	671,3	30	1090		Grès et conglomérats crétacés.
	10 s.	Vinuesa.	670,2	15	1105		
7	12 m.	Ibid.	669,3	28	1105	Quelques légers nuages, vent assez fort.	Ce chiffre est la moyenne de quatre observations.
	9, 30 s.	Ibid.	669,6	18	1105		
8	5 m.	Ibid.	670,8	16	1105	Ciel pur.	
	8 m.	Santa-Ines.	653,5	20	1334	Le ciel se charge de nuages.	Poudingues crétacés à cailloux de quartz hyalin.
	4 s.	Pic d'Urbion.	587,5	13	2240	Ciel couvert. Vent du S.	Poudingues crétacés. Calculée d'après les observations de Bordeaux, l'altitude du pic d'Urbion serait de 2200 mètres au-dessus de cette ville.
	3 s.	Laguna Negra.	622,1	19	1740		
	4, 30 s.	Région supérieure des hêtres.	627,8	19	1673	Orage vers le S.-O.	Grès et poudingues crétacés.
	7 s.	Santa-Ines.	652,5	19,5		Quelques gouttes de pluie d'orage.	Id.
9	5 m.	Ibid.	654	10	1334		Pendant la nuit du 8 au 9, le baromètre a monté de 4 millimètres à Madrid.
	7 m.	Col de Montenegro.	624,2	12	1760	Ciel pur.	Grès de couleur rougeâtre, peu éloignés du calcaire jurassique qu'on rencontre sur le versant septentrional.
	9 m.	Montenegro.	664,3	19	1208	Id.	Grès carbonifère.
	12 m.	Villoslada.	675,7	22,5	1056		Schistes et quartzites.

Mois et jours	Heures.	LIEU DE L'OBSERVATION.	Hauteur du baromètre (réduite à 0 temp.) mm.	Thermomètre à l'air libre °	Hauteur au-dessus de la mer m.	ÉTAT DU CIEL.	OBSERVATIONS.
Juill 9	8, 30 s.	Nieva de los Cameros.	680,4	20	987	Ciel couvert. Nuit très obscure.	Lias inférieur. Cet étage est assez rare en Espagne, où règnent ordinairement les parties moyennes et supérieures du lias.
10	5, 30 m.	Ibid.	680	16	...	Fine brume.	
	2 s.	Ibid.	680,7	18	987		
	8, 30 s.	Col de la Mogosa dans la Sierra del Serradero.	657,5	13	1284	Temps couvert.	Schistes et quartzites.
11	8. 30 s.	Anguiano.	711,6	15		Id.	Terrain jurassique.
	6 m.	Ibid.	710	12		Quelques légers nuages.	
	8 m.	Ibid.	710,3	15	626		
	12 m.	Badaran.	710,9	22	605	Ciel pur.	Grès tertiaires, supérieurs à de puissants conglomérats du même âge.
	3 s.	Ibid.	710,3	22	...	Id.	
12	7, 30 s.	Pazuengo.	667,1	15	1140	Id.	Terrain jurassique.
	6 m.	Ibid.	655,6	14	1150	Id.	
	11 m.	Pic San-Lorenzo.	584,7	17			
	12 m.	Ibid.	584,4	18	2297	Nuages peu épais, stratus.	La différence de niveau entre la cime du pic San-Lorenzo et Pazuengo est de 1137 mètres, si l'on calcule les altitudes de ces deux points, en se basant sur les observations de Madrid. Cette même différence, calculée directement en montant de Pazuengo au pic de San-Lorenzo, ne serait que de 1098 mètres. Nous avons déjà fait remarquer une différence analogue entre la cime du Moncayo et la chapelle de la Vierge. Calculée d'après les observations de Bordeaux, la hauteur du pic de San-Lorenzo serait de 2295 mètres au-dessus de cette ville.
	8 s.	Barbadillo de los Herreros.	667,2	20	1142	Ciel nuageux.	Grès rouge, surmonté par le terrain jurassique.

Mois et jours	Heures.	LIEU DE L'OBSERVATION.	Hauteur du baromètre (réduite à 0 temp.) mm.	Thermomètre à l'air libre °	Hauteur au-dessus de la mer m.	ÉTAT DU CIEL.	OBSERVATIONS.
13	6 m.	Ibid.	667,8	16	...	Nuages légers, nombreux.	
	9 m.	Col entre Barbadillo et Pineda.	643	16	1435	Id.	Schistes et quartzites siluriens.
	12 m.	Pineda de la Sierra.	658,7	20	1188	Id., vent frais.	Grès carbonifère avec plantes houillères.
	8, 30 s.	Urres.	667,7	16	1110	Temps couvert.	Lias et Jura.
14	6 m.	Ibid.	662,5	11	...	Ciel couvert. Vent violent du S.-O.	Le baromètre a baissé de 5 millimètres dans la nuit du 13 au 14 juillet, tandis qu'à Madrid il est resté stationnaire.
	9 m.	Brieva.	669	15	1040	Id.	Lias et jura.
	7. 30 s.	Burgos.	684	16,5	870	Id., pluie fine.	Grès et calcaire tertiaire avec fossiles d'eau douce.
15	11 m.	Ibid.	687,9	18	870	Beau temps.	
	3 s.	Ibid.	686,8	20	870	Ciel pur.	
16	7 m.	Ibid.	686,8	15	870	Quelques nuages légers.	Le chiffre est la moyenne de cinq observations. Le 9 mai, en allant à Madrid, nos baromètres nous avaient indiqué pour Burgos une hauteur de 877 mètres.
	12 m.	Sommet du plateau tertiaire.	674,5	19	1027	Id., vent du N.-O.	Calcaire d'eau douce.
	3 s.	Huermeces.	685,8	20	890	Ciel entrecoupé de nuages blancs.	Limite du terrain d'eau douce et de la craie.
	10 s.	Urbel del Castillo.	683	15	924	Ciel étoilé.	Calcaire crétacé.
17	6 m.	Ibid.	682,4	10	938	Beau temps. Quelques nuages.	Température d'une source 18°. La marche du baromètre de Madrid s'écarte un peu de celle du nôtre.
	12 m.	Niveau du plateau crétacé, près de l'escarpement de l'Èbre.	671,8	22	1080	Vent du S.-O.	Le chiffre de 1080 est une moyenne entre celui de 1061 trouvé en calculant par Urbel, et celui de 1098 que donne la comparaison directe avec Madrid.
	6, 30 s.	Barcena de Ebro.	701,4	15	710	Quelques nuages. Vent.	L'escarpement du plateau crétacé a 370 mètres de hauteur. Barcena est sur un grès brun ou jaunâtre, qui est probablement crétacé.
	10, 30 s.	Moulin à farine, près d'Arcena.	694,3	14	...	Temps couvert.	Terrain de lias.
18	7 m.	Ibid.	694,8	16			
	3 s.	Reynosa.	695,4	15	810	Ciel couvert.	Terrain triasique? Calculée d'après les observations d'Oviedo, la hauteur de Reynosa serait de 845 mètres. Elle est de 829 mètres, suivant le nivellement des ingénieurs anglais chargés du chemin de fer de Santander. L'erreur en moins, que nous donnent ici les observations de Madrid, peut affecter les hauteurs des jours précédents. Le plus haut point du chemin de fer de Santander à Alar-del-Rey est situé à Pozasal, au sud de Reynosa, sur un plateau jurassique, et atteint 972 mètres selon les ingénieurs anglais.
	5 s.	Plus haut point de la route de Reynosa à Santander.	694,1	15	821		
	6 s.	1/2 lieue au N. de Reynosa sur la route de Santander.	705,1	13	7 02		
	9, 30 s.	Reynosa.	695,9	12,5			
19	5 m.	Ibid.	694,6	12	...	Ciel couvert de quelques petits nuages.	

Mois et jours	Heures.	LIEU DE L'OBSERVATION.	Hauteur du baromètre (colonne mercurielle réduite à 0 temp.) (mm.)	Thermomètre à l'air libre (°)	Hauteur au-dessus de la mer. (m.)	ÉTAT DU CIEL.	OBSERVATIONS.
Juill. 19	12 m.	Soto	684	14	950	Ciel un peu nuageux.	
	3 s.	Col de Somahoz	662,5	10,5	1204	Temps couvert.	Cette hauteur était celle de la limite inférieure des nuages. Conglomérat à cailloux de quartz hyalin, probablement crétacé.
20	11. 30 s.	Barruelo	677,8	10	1015		Terrain houiller avec riches dépôts de combustible. Calculée d'après Reynosa, la hauteur de Barruelo serait de 1026 mètres. En prenant la moyenne de trois observations comparées avec celles de Madrid, on obtient le chiffre de 1015 mètres.
	6 m.	Ibid.	677,2	10,5	1015	Ciel pur.	
	12 m.	Ibid.	675,8	18	1015	Id.	
21	9 s.	Aguilar de Campoo	685,5	12	895	Id.	Calcaire magnésien du trias.
	12 m.	Plateau crétacé au S. d'Aguilar	668,4	25	1115	Ciel presque sans nuages.	Température d'une source 12°. Hauteur de l'escarpement crétacé 220 mètres.
	3 s.	Villaescusa de Fela.	677,7	25	980		Source 12°. Poudingues tertiaires en couches inclinées. Entre ce village et Pisuerga, près Barrio Santa-Maria, source 12°.
22	10 s.	Salinas de Pisuerga	684,7	»	931	Ciel étoilé.	Source 13°,5. Argiles rouges et calcaires magnésiens du trias.
	6 m.	Ibid.	681,4	15	931	Ciel pur.	
	11 m.	Montagne au-dessus de Herreruela	643,8	20	1454	Nuages entrecoupés.	Source 9°,5. Calcaire carbonifère.
	4 s.	San-Felices	677,4	28	1009	Peu de nuages.	Source 9°,5. Grès et schistes houillers.
23	10 s.	Cervera	679,5	16		Id.	Terrain carbonifère.
	6 m.	Ibid.	679,7	17	980	Ciel entièrement couvert.	Le baromètre stationnaire pendant la nuit à Cervera, s'est élevé de 2 millimètres à Madrid.
	12 m.	Tarilonte	667,6	26		Ciel pur.	Limite de la craie et des poudingues tertiaires, souvent verticaux et même renversés.
	3 s.	Ibid.	667,1	26	1158		
24	11 s.	Guardo	668,9	19	1130		Jonction de la craie et du terrain houiller. Cette hauteur est prise dans la maison de D. Lorenzo Campillo.
	6 m.	Ibid.	668,8	17		Ciel pur.	

Mois et jours	Heures.	LIEU DE L'OBSERVATION.	Hauteur du baromètre (colonne mercurielle réduite à 0 temp.) (mm.)	Thermomètre à l'air libre (°)	Hauteur au-dessus de la mer. (m.)	ÉTAT DU CIEL.	OBSERVATIONS.
	12 m.	dérueda	675	25	1050		Cette hauteur a été prise dans la maison de D. Patricio Filgueira, ingénieur des mines, sur la rivière Cea. Source 11°. Terrain houiller.
25	10 s.	Sabero	678,3	19	990	Quelques légers nuages.	Terrain houiller? Flanqué de calcaire dévonien.
	6 m.	Ibid.	679	20	990	Id.	Ce chiffre est la moyenne de quatre observations.
26	10 s.	Ibid.	679,9	20	990		Source située près du Collado de Llama, au sud de Colle, 11°.
	9 m.	Ibid.	679,8	25	990	Ciel pur.	Terrain dévonien.
	3 s.	Villayandre.	677,4	27	998	Id.	Calcaire carbonifère.
27	10 s.	Riaño.	672,7	20		Id.	
	6 m.	Ibid.	673	20	1061	Id.	Source 11°. Terrain carbonifère.
	10 m.	Boca de Huergano.	667,8	26	1139	Id.	schistes et grès carbonifère.
	7 s.	Portilla.	658,2	22	1250	Id.	La moyenne de trois calculs donne 1232 mètres.
28	6 m.	Ibid.	659,8	11	1225		Par Madrid, 2495. La hauteur du pic de Salinas, au-dessus de Portilla, calculée en nous transportant d'un lieu à l'autre est de 1248 mètres qui ajoutés à 1232, hauteur moyenne de Portilla, donnent 2480 mètres. Calculée d'après les observations d'Oviedo, la hauteur de ce pic est de 2490 mètres, et d'après celles de Bordeaux de 2492 mètres.
	12 m.	Torre de Salinas (un des pics de la Peña de Liordes, partie intégrante des pics de Europa).	671	14,5	2495	Ciel pur. Nuages au-dessous de nous sur les Asturies et la Llevana	
29	9 s.	Portilla.	661,4	»		Ciel couvert.	
	7 m.	Ibid.	662,4	14,5		Id.	Pendant cette nuit, le baromètre de Madrid a éprouvé une hausse de plus de 2 millimètres, qui a été moindre dans la chaîne Cantabrique.
	9, 30 m.	Puerto de Pandetrabe.	636,2	15	1566	Quelques légers nuages.	Calculée d'après Oviedo, la hauteur serait 1575 mètres. Source 6°,5.
30	12 m.	Prada de Valdeon.	684,3	17	940	Id.	Calculée d'après Oviedo, la hauteur serait 960 mètres.
	3, 30 s.	Pont de Cain.	725,5	17	460		Revers septentrional de la chaîne Cantabrique.
	6 m.	Prada de Valdeon.	684,3	18	962	Ciel pur.	
	10 m.	Col de Panderueda.	640,2	24	1543	Id.	Par Madrid, 1525 mètres, grès du terrain carbonifère.
	3 s.	Oceja de Sajambre.	699,3	25	790	Id.	Par Madrid, 739 mètres. Cette différence d'environ 50 mètres, affecte également le calcul de la hauteur d'Oviedo, qui, par la comparaison avec Madrid, n'aurait que 170 mètres au lieu de 220 au-dessus de la mer, ce qui prouve l'inégalité de la marche du baromètre à cette distance.
	6 s.	Soto de Sajambre.	687,5	23	924	Ciel couvert.	

* Jusqu'ici les chiffres placés dans cette colonne indiquaient les hauteurs calculées d'après les observations de Madrid. A partir de ce lieu, et tant que nous serons sur le versant septentrional de la chaîne Cantabrique, nous nous servirons des observations de D. Léon Sainxean, professeur à Oviedo, et les chiffres de cette colonne seront le résultat de cette comparaison. Nous admettons qu'Oviedo est à 220 mètres au-dessus de la mer.

Mois et jours	Heures	Lieu de l'observation	Hauteur du baromètre (colonne mercurielle réduite à 0 temp.)	Thermomètre à l'air libre	Hauteur au-dessus de la mer	État du ciel	Observations
			mm	°	m		
Juill. 31	5 m.	Ibid.	687,4	14	»	Ciel pur	Grès carbonifère. Source 9°.
	7 m.	Puerto de Beza	640	17	1510	Id.	Calcaire et schistes carbonifères.
	12 m.	San-Juan de Amieva	716,2	27	574	Id.	Id.
Août 1	8 s.	Cangas de Onis	757,8	20	57	Id.	Jonction du terrain carbonifère et de la craie.
	8 m.	Ibid.	754,3	22	77	Un peu de brume, qui s'est bientôt dissipée.	La moyenne est de 67 mètres.
	12 m.	Auberge de Villar	754,7	24	74	Ciel nuageux	Schistes carbonifères avec empreintes de plantes.
	8 s.	Infiesto	750,5	21	434	Ciel nuageux	Calcaire crétacé.
2	6 m.	Ibid.	749,5	19	150	Ciel entièrement couvert.	Pendant la nuit, les baromètres à Oviedo et à Infiesto n'ont varié que de quelques dixièmes de millimètre; mais, quelque rapprochées que soient ces deux localités, la marche du baromètre a été inverse.
	3 s.	San-Julian, près de Pena-mayor	736,6	19	288	Id., légère brume	Schistes carbonifères.
	5, 30 s.	Surface inférieure des nuages	748	14	513		Cette hauteur a été prise un peu au-dessous de la venta de la Cruz, laquelle était entièrement dans les nuages. Terrain carbonifère.
	6 s.	Corbayn	730,3	15	370		Près des maisons neuves des employés de la mine, schistes et grès carbonifères, recouverts par la craie.
	10 s.	Sama	743,8	15	214		Sama est à la même hauteur qu'Oviedo, à 5 ou 6 mètres près. Terrain carbonifère.
3	6 m.	Ibid.	742	19	220		
	9 m.	Col entre Sama et Mieres	715	19	538		Grès et schistes carbonifères.
	6 s.	Mieres	743,6	18	205	Ciel brumeux	Id.
4	7 m.	Ibid.	744,8	19	205	Id.	Le chiffre de 205 mètres est la moyenne de quatre observations.
	6 s.	Ibid.	746,1	18	205		
5	7 m.	Ibid.	747,4	18	205	Pluie fine.	
	12 m.	San-Esteban de las Cruces	751,7	21	378		Terrains dévonien et crétacé en contact.
	10 s.	Oviedo	745,3	22	220		Craie chloritée. 200 mètres en calculant par Madrid.

Mois et jours	Heures	Lieu de l'observation	Hauteur du baromètre (colonne mercurielle réduite à 0 temp.)	Thermomètre à l'air libre	Hauteur au-dessus de la mer	État du ciel	Observations
6	8 m.	Ibid.	745,3	22	220	Ciel nuageux	
	1 s.	Caldas	757	23	80		Cette hauteur a été prise avec le baromètre du docteur D. Jose Salgado. Calcaire carbonifère.
	11 s.	Oviedo	744,5	18			
7	8 m.	Ibid.	744,6	21		Temps couvert.	
	11 m.	Houillère de Santofirme	742,5	22	245		
8	5 m.	Ibid.	741,4	15		Brouillards de matin.	
	7 m.	Pic de l'Aguila	725	14	435		Grès et schistes carbonifères, couronnés au sommet par un conglomérat d'âge indéterminé.
	9 m.	Houillère de Santofirme	742	»	245		
	10 m.	Cabañas del monte del Rey.	743,2	15	232	Ciel pur	Point de partage des eaux qui vont au sud vers le Nalon, et au nord directement à la mer.
	1 s.	Aviles	762	24	8		Maison de M. Desoignies, directeur des houillères d'Aruao, 8 mètres environ au-dessus de la mer. Source 15°. Argiles et calcaires du trias.
	9 s.	Ibid.	761,9	»			Auberge de Dona Antonia.
9	8 m.	Ibid.	760,9	23	15	Ciel pur, brume de chaleur.	
	12 m.	Luanco	762,3	25		Id.	Plage de la mer. Calcaires arénacés noirs, à Orbitolites, du terrain crétacé.
10	10 m.	Gijon	762	20	5	Ciel un peu voilé	Quai de la ville. Température de la mer 18°. Calcaires magnésiens du trias.
	12 m.	Granderasa	732,3	23,5	357		Trias.
	2 s.	Ruisseau de Riello	742,3	24	230		Id.
	4 s.	Paso del Norena	743,3	24	219		
	8 s.	Pola de Siero	742,4	»	231		Craie tufau.
11	6 m.	Ibid.	742,2	15			
	2 s.	Villaviciosa	759,1	24	24	Ciel pâle	Trias.
12	6 m.	Colunga	755,6	19	36	Beau temps, légers nuages.	Terrain jurassique.
	9 m.	Bord de la mer	758,8	18,5			
	2 s.	Quai de Ribadesella	758,1	23		Temps lourd, ciel voilé.	Contact des schistes et grès jurassiques avec le calcaire carbonifère.
13	7 m.	Nueva	752	24	80	Grand orage pendant la nuit.	Schistes et calcaire carbonifères.
	12 m.	Collada de la Rebollada	724,1	26	415	Nuages orageux. Temps lourd.	Grès blanc et rouge, passant quelquefois à des marnes schisteuses carbonifères.
	3 s.	Ortigüero	723,2	21	428	Pluie d'orage.	Calcaire carbonifère blanc à *Productus*.
	9 s.	Arenas de Cabrales	749,5	24	120	Nuages coupés.	Grès, schistes et calcaires carbonifères.
14	5 m.	Ibid.	750,4	18			

Mois et jours	Heures.	Lieu de l'observation.	Hauteur du baromètre (colonne mercurielle réduite à 0 temp.). mm.	Thermomètre à l'air libre. °	Hauteur au-dessus de la mer. m.	État du ciel.	Observations.
Août 14	3 s.	Collado de Tremano.	701,3	19	695	Temps couvert.	Col élevé dans la Pena Mellera, composé de quartzite et de calcaire carbonifère.
15	8 s.	La Hermida (bains de).	755,2	20	65	Id.	Calcaire carbonifère.
	6 m.	Ibid.	755,6	19	61		
	1 s.	Collado de Izalba.	716,4	20	510	Ciel couvert.	Lias recouvert souvent de grès rouges et jaunes crétacés.
	3 s.	Fuente de Nansa.	748,8	23	430	Id.	Lias.
	6 s.	Collado de Gaverni.	711,7	20	565	Id.	Grès jaunes crétacés, mêlés de marnes schisteuses rouges et noires.
	10 s.	Valle.	740,5	18		Id.	Calcaire jurassique, recouvert par les grès jaunes de la craie.
16	6 m.	Ibid.	737,5	17,5	269	Id.	Pendant la nuit du 15 au 16, le baromètre a éprouvé à Valle une baisse de 3 millimètres, qui s'est à peine fait sentir à Oviedo.
	12 m.	Col de Reocin.	737,6	21	270		Grès jaunâtre et marnes noires crétacées avec traces de lignite.
	2 s.	Torrelaveja.	758,5	21	30	Grand vent et pluie fine.	D'après nos observations, Torrelavega est à 240 mètres au-dessous de Valle.
	8 s.	Santander.	760,2	20	12	Pluie fine.	La hauteur du baromètre a été prise à l'hôtel du Commerce, qui peut être à environ 10 à 12 mètres au-dessus de la mer. Terrain crétacé.
17	8 m.	Ibid.	760	21			
	9 s.	Ibid.	760,9	22			
18	12 m.	Ibid.	760,6	25		Ciel pur. Nuages sur la chaine Cantabrique.	
	11 s.	Ibid.	760,6	21		Id.	
19	6 m.	Santander.	759,3	20,5		Ciel pur.	A midi 29° au thermomètre à l'air libre. Terrain crétacé.
	3 s.	Rauedo.	756,9	25	35		Terrain crétacé.
	10 s.	Corvera.	755	20	60	Id.	Les eaux minérales de Puenteriesga, près Corvera, ont une chaleur de 34°, et sourdent dans le trias très probablement. À Corvera on trouve le lias.

Mois et jours	Heures.	Lieu de l'observation.	Hauteur du baromètre (colonne mercurielle réduite à 0 temp.). mm.	Thermomètre à l'air libre. °	Hauteur au-dessus de la mer. m.	État du ciel.	Observations.
20	5 m.	Ibid.	755,8	17,5	76	Id.	La moyenne des deux calculs faits sur les observations d'Oviedo serait de 68 mètres.
	4 s.	Col del Escudo.	678,4	24	1023	Ciel rompé par de petits nuages.	Calculée d'après les observations d'Oviedo, cette hauteur ne serait que de 996 mètres. Terrain crétacé.
21	5, 30 s.	Quintanatelo.	690,3	24	846	Ciel légèrement voilé.	Calculée par Oviedo, la hauteur de ce lieu est de 830 mètres, par Madrid de 862.
	9 s.	Cabillos del Royo.	682	19			
	6 m.	Ibid.	682,9	21	944		Par Oviedo 926 mètres, par Madrid 962. Terrain crétacé.
	12 m.	Villarcayo.	709,2	30,5	614	Orage accompagné de beaucoup de tonnerre et peu de pluie.	Par Oviedo 608 mètres, par Madrid 620.
	3 s.	Ibid.	707,4	29			Le thermomètre au moment de l'orage, s'est élevé à 32°. Terrain tertiaire.
22	9 s.	Moneo.	711,4	24	570	Ciel pur.	Les deux observations correspondantes d'Oviedo et de Madrid donnent pour moyenne le chiffre de 570 mètres. Tertiaire lacustre.
	6 m.	Ibid.	709,8	17	570	Id., sans vent.	
	9 m.	Traspaderne (niveau de l'Ebre).	713,3	24	538	Id.	Par Madrid 533, par Oviedo 543 mètres. Grès tertiaire.
	3 s.	Venta de Valderrama, près Frias.	704,4	30	631	Quelques légers nuages.	Le thermomètre s'est élevé jusqu'à 34° un peu avant l'orage Par Madrid 665 mètres, par Oviedo 633. Stationnaire à Oviedo, le baromètre a baissé de 3 millimètres à Madrid dans la journée. Calcaire crétacé.
	4 s.	Col de Cubillas.	673	27	1033	Orage, tonnerre, pas de pluie.	Par Madrid 1015 mètres, par Oviedo 1052. Calcaire crétacé.
	9 s.	Encio.	708	21		Orage vers le S.-O.	
23	6 m.	Ibid.	707,4	16	603	Orage toute la nuit.	Par Madrid 602 mètres, par Oviedo 604. Calcaire crétacé.
	8 m.	Ameyugo.	711,8	16	550		Par Madrid 450 mètres, par Oviedo 548 mètres.
	9 m.	Miranda.	719,6	17	465	Beau temps, ciel noir vers l'E.	Par Madrid 456 mètres, par Oviedo 460, par Burgos 470, en supposant que Burgos est à 570 mètres.
	4 s.	Vitoria.	713,3	19	540	Vents et nuages.	En allant de Vitoria à Burgos au mois de mai, nos baromètres nous ont indiqué une différence de niveau de 325 mètres, ce qui donne à Vitoria une hauteur de 545 mètres. En revenant de Vitoria à Saint-Sébastien, nous n'avons trouvé pour la première de ces villes que 537 mètres. La comparaison directe avec Madrid donne 520 mètres, avec Oviedo 540. Terrain nummulitique.
		Montagne de Salinas.	705	*	630		
24	10 m.	Bergara.	746,6	17	153	Pluie.	Terrain crétacé.
	11 m.	Col de l'Escarga.	717,9	17	487		Id.
	4 s.	Saint Sébastien.	759,8	21	6		Cette mesure a été prise sur le quai à 5 ou 6 mètres au-dessus du niveau de l'Océan. Terrain crétacé.